U0280656

鸭病类症鉴别与诊治彩色图谱

主　编　提金凤
副主编　李志杰　李兆华　宋莎莎
参　编　王光锋　迟灵芝　顾甜甜　闵　兰
　　　　刘新勃　王海燕　吴卫东　靖吉强
　　　　李　婧　毛红彦　武世珍

机械工业出版社
CHINA MACHINE PRESS

本书以“看图识病、类症鉴别、综合防治”为目的，从生产实际和临床诊治需要出发，结合编者多年的临床教学和诊疗经验进行介绍，内容包括病毒性传染病、细菌性传染病、真菌性疾病、寄生虫病、营养代谢病、中毒病和其他病的鉴别诊断与防治，附录还详细列出了被皮、运动和神经系统疾病的鉴别诊断，呼吸系统疾病的鉴别诊断，消化系统疾病的鉴别诊断，生殖系统疾病的鉴别诊断，免疫抑制性疾病的鉴别诊断。

本书图文并茂，语言通俗易懂，内容简明扼要，注重实际操作，可供养鸭生产者及畜牧兽医工作人员使用，也可作为农业院校相关专业师生的教学（培训）用书。

图书在版编目（CIP）数据

鸭病类症鉴别与诊治彩色图谱 / 提金凤主编.
北京 ： 机械工业出版社，2024. 9. -- ISBN 978-7-111
-76428-1

Ⅰ. S858.32-64

中国国家版本馆CIP数据核字第2024W6F126号

机械工业出版社（北京市百万庄大街22号　邮政编码100037）
策划编辑：周晓伟　高　伟　　责任编辑：周晓伟　高　伟　王华庆
责任校对：肖　琳　刘雅娜　　责任印制：常天培
北京宝隆世纪印刷有限公司印刷
2024年9月第1版第1次印刷
210mm × 190mm · 7.833印张 · 2插页 · 196千字
标准书号：ISBN 978-7-111-76428-1
定价：98.00元

电话服务
客服电话：010-88361066
010-88379833
010-68326294

网络服务
机　工　官　网：www. cmpbook. com
机　工　官　博：weibo. com/cmp1952
金　书　网：www. golden-book. com
机工教育服务网：www. cmpedu. com

前　言

我国水禽生产居世界第一，养鸭业近年来发展迅速，现代化和集约化水平日益提高。据统计，2023年全国肉鸭出栏量约42.18亿只，养鸭业已成为我国农业农村经济增长、助推乡村振兴的支柱产业之一。随着养殖规模的扩大，环境污染日益加剧，养鸭生产中新发疫病不断出现，传统疫病又不断呈现新的流行特点，给鸭养殖业造成严重危害。为有效防控鸭病，保证养鸭生产健康稳定发展，编者编写了本书。

本书全面介绍了常见鸭病的发病原因、流行特点、临床症状、病理变化、诊断及防控措施，对临床症状相似的鸭病进行了类症鉴别，并附有大量清晰彩色图片，重点突出实用性、规范性和可操作性，为读者提供更贴近生产实际、更全面、更实用的鸭病诊断和防控技术。本书具有通俗易懂，形象直观，内容全面，系统性、先进性和科学性强等特点，是广大基层兽医工作者、鸭场技术人员、动物检疫检验工作者必备的工具书，也可作为大中专院校动物科学、动物医学、动物防疫与检疫专业师生的参考用书。

需要特别说明的是，本书所用药物及其使用剂量仅供读者参考，不可照搬。在生产实际中，所用药物学名、常用名和实际商品名称有差异，药物浓度也有所不同，建议读者在使用每一种药物之前，参阅厂家提供的产品说明以确认药物用量、用药方法、用药时间及禁忌等。购买兽药时，执业兽医有责任根据经验和对患病动物的了解决定用药量及选择最佳治疗方案。

山东畜牧兽医职业学院提金凤教授负责全书统稿，山东畜牧兽医职业学院李志杰、李兆华、宋莎莎、王光锋、迟灵芝、顾甜甜、刘新勃、靖吉强、李婧、毛红彦、武世珍，以及寿光市纪台镇畜牧兽医工作站王海燕、菏泽市食品药品检验检测研究所吴卫东、潍坊市兴邦生物技术服务有限公司闵兰参与编写。在本书编写过程中，我们参考了众多文献资料和生产企业的具体生产管理制度和操作流程，书中部分图片由山东农业大学刁有祥教授、山东省农业科学院于可响研究员提供，在此表示特别感谢。

由于编者水平有限，书中难免存在疏漏之处，恳请各位读者不吝赐教，给予批评指正。

编　者

目 录

第一章 病毒性传染病

第二章 细菌性传染病

第三章　真菌性疾病

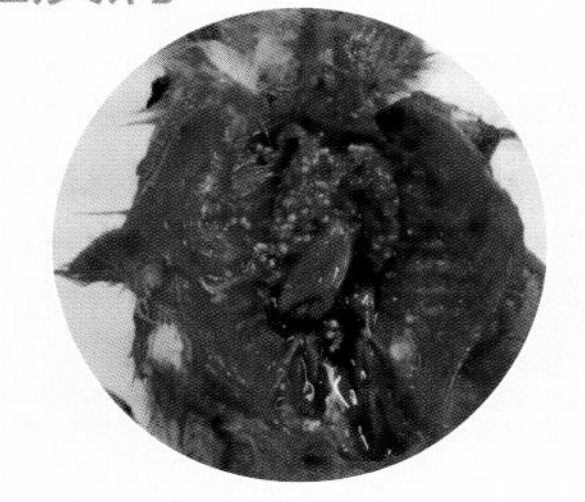

第五章　营养代谢病

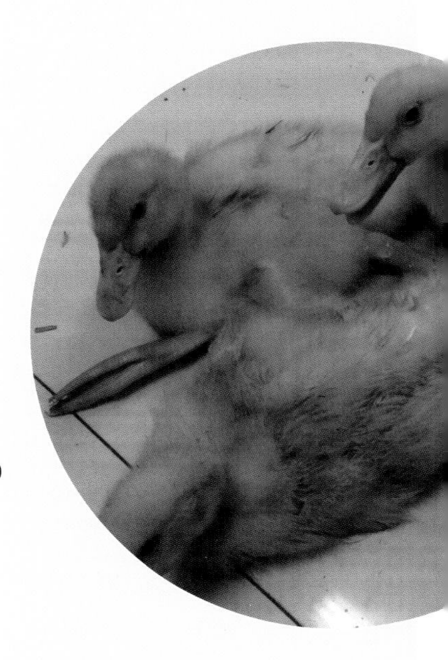

第四章　寄生虫病

第六章　中毒病

第七章　其他病

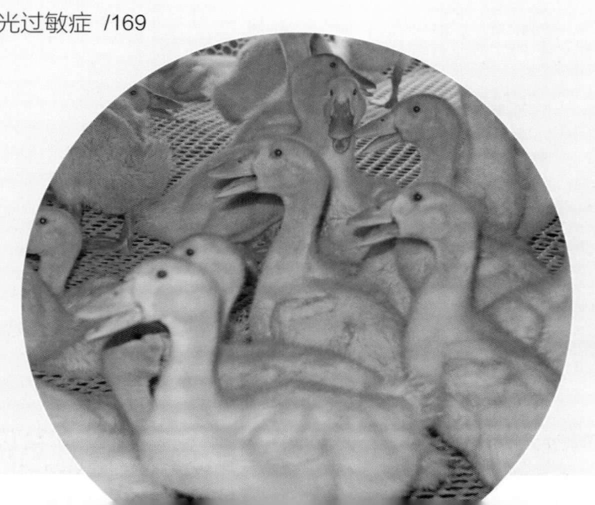

附　录

参考文献

第一章
病毒性传染病

一、禽流感

简介

禽流感全称为禽流行性感冒，又名欧洲鸡瘟、真性鸡瘟，是由正黏病毒科流感病毒属的 A 型流感病毒引起的禽类的一种感染和疾病综合征。本病不仅对养禽业造成严重危害，而且具有重要的公共卫生学意义，我国将其列为一类动物疫病。

病原与流行特点

禽流感病毒粒子呈典型的球形或多形性，还有的呈丝状，表面有囊膜和纤突。纤突有两种，一种是血凝素（HA），另一种是神经氨酸酶（NA）。HA 和 NA 具有亚型特异性和多变性，在病毒感染过程中发挥重要作用。通过琼脂扩散试验，流感病毒可分为 A、B、C 三型，所有禽流感病毒均属于 A 型流感病毒。A 型流感病毒根据表面糖蛋白 HA 与 NA 抗原性不同进一步分为若干亚型，HA 亚型和 NA 亚型随机组合构成了流感病毒的亚型，如 H5N1、H7N9、H9N2 等。

禽流感病毒分离和增殖最好的方法是通过尿囊腔接种 9~11 日龄的鸡胚，原代鸡胚成纤维细胞（CEF）或肾细胞也可以增殖该病毒。病毒具有血凝性，能凝集禽类、某些哺乳动物（如人、豚鼠、小白鼠）以及马属动物的红细胞，常用血凝－血凝抑制试验（HA–HI）来鉴定病毒。禽流感病毒对热敏感，56℃作用 30 分钟、72℃作用 2 分钟即可灭活；对脂溶剂敏感；对含碘消毒剂、次氯酸钠、氢氧化钠等消毒剂敏感。同时，病毒对低温抵抗力强。

各品种和日龄的鸭均可感染禽流感病毒并发病，野禽主要以带毒为主，感染后大多数通常不发病。患病或带病毒鸭及其他禽类是主要传染源。病禽所有组织、器官、体液、分泌物、排泄物及禽卵中均含有禽流感病毒，病毒能从病禽或带毒禽的呼吸道、消化道、眼结膜及泄殖腔排放到外界环境中，污染空气、饲料、饮水、器具、地面等，易感禽类通过呼吸、饮食或与病毒污染物接触感染病毒，也能通过与病禽直接接触感染病毒，引起发病。哺乳动物、昆虫、运输车辆等可以机械性地传播病毒。

本病一年四季均能发生，冬、春季节发生较多。

临床症状

本病潜伏期长短不等，自然感染通常为3~14天。感染病毒后病禽表现出的症状也因病禽种类、日龄及病毒毒力的不同而体现差异。根据病毒的致病性，禽流感可分为两种类型，高致病性禽流感和低致病性禽流感。

（1）高致病性禽流感　主要由高致病性禽流感病毒引起，如H5N1、H5N6、H5N8、H7N7、H7N9等，通常发病急，发病率和死亡率高。鸭感染后，体温升高到43℃以上，精神沉郁，眼睛半闭，呈嗜睡状，食欲废绝，饮水量增加，羽毛松乱；有的病鸭头、颜面和颈部水肿；身体无毛的皮肤（腿、脚等）发绀、出血、坏死；眼睛分泌物增多，分泌物常带血；呼吸道症状明显，如咳嗽、气喘、啰音、尖叫、呼吸困难等；腹泻，排黄绿色稀便；病程稍长的出现神经症状，如共济失调、不能走动和站立、瘫痪、头颈歪斜等。产蛋鸭产蛋率急剧下降，由95%可降至10%以下，甚至停产，开产期鸭群患病后很难出现产蛋高峰期，产薄壳蛋、软壳蛋、沙壳蛋、畸形蛋等增多。

病鸭精神沉郁

病鸭瘫痪、头颈歪斜

病鸭腿、脚发绀、出血

（2）低致病性禽流感 主要由低致病性禽流感病毒H9N2引起，通常发病较缓和，病禽表现症状较轻或隐性感染，发病率高，死亡率低。鸭感染后体温升高，精神萎靡，羽毛蓬乱，离群呆立，嗜睡，眼睛半闭，采食量下降。随着病情发展，病鸭出现呼吸道症状，主要表现呼吸困难，伸颈张口呼吸，

病鸭伸颈张口呼吸

病鸭精神萎靡、眼睛失明

咳嗽，打喷嚏；眼睛肿胀流泪，初期是浆液性眼泪，后期流出黄白色脓性液体，严重者眼睛失明；腹泻，排黄绿色或绿色稀便。产蛋鸭产蛋率下降，蛋的质量下降，产软壳蛋、薄壳蛋、沙壳蛋、畸形蛋等增多。种鸭感染后，种蛋受精率下降，孵化过程中死胚增多，出壳的弱雏增多，雏鸭死亡率较高。

病理变化

（1）高致病性禽流感　鸭感染高致病性禽流感后主要表现全身皮肤和脂肪出血；头部皮下有胶冻样渗出物和出血点；喉头和气管黏膜有不同程度的出血，肺充血、出血，呈暗红色；心冠脂肪、心内膜、心外膜有出血点，心肌纤维出现黄白色或灰白色条纹状坏死，胸、腹部脂肪有出血点；腺胃乳头出血，腺胃与食道、腺胃与肌胃交界处有出血带或出血斑，肌胃角质层下出血；胰腺肿大，表面可见大量黄白色透明或半透明的坏死斑点，有的有出血点或出血斑；脾脏肿大，表面有黄白色透明或半透明的坏死斑点；小肠、直肠、泄殖腔黏膜充血、出血，盲肠扁桃体出血等。产蛋鸭卵泡变形、出血、瘀血，有的卵泡萎缩，有的破裂，形成卵黄性腹膜炎；输卵管水肿、充血、出血，有的输卵管内有乳白色黏稠的渗出物。

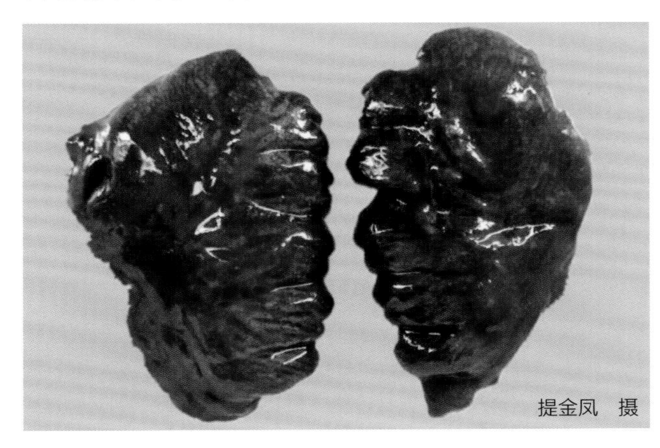
提金凤　摄

肺充血、出血，呈暗红色

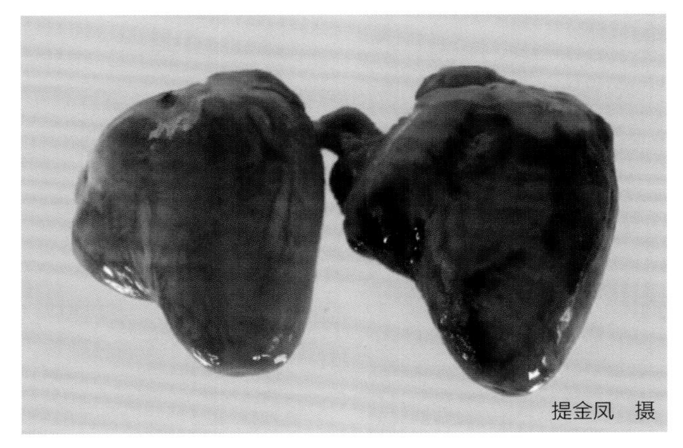
提金凤　摄

心冠脂肪 、心外膜有出血点

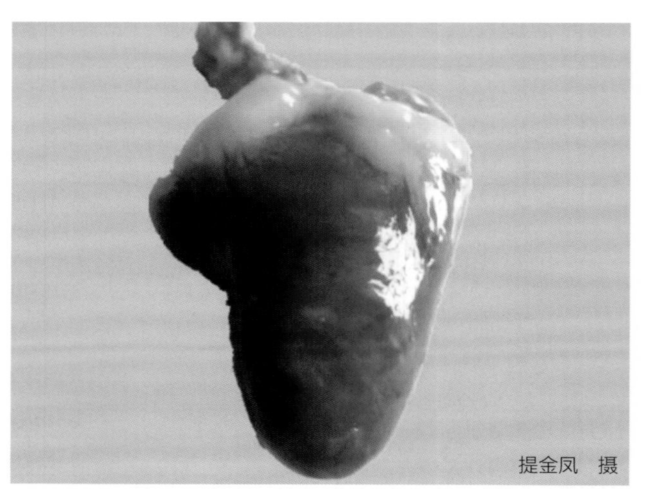

提金凤　摄

心肌纤维有灰白色条纹状坏死

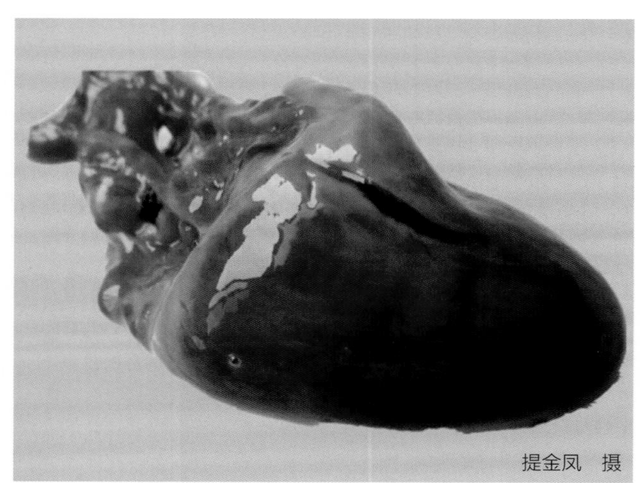

提金凤　摄

心肌纤维有黄白色条纹状坏死

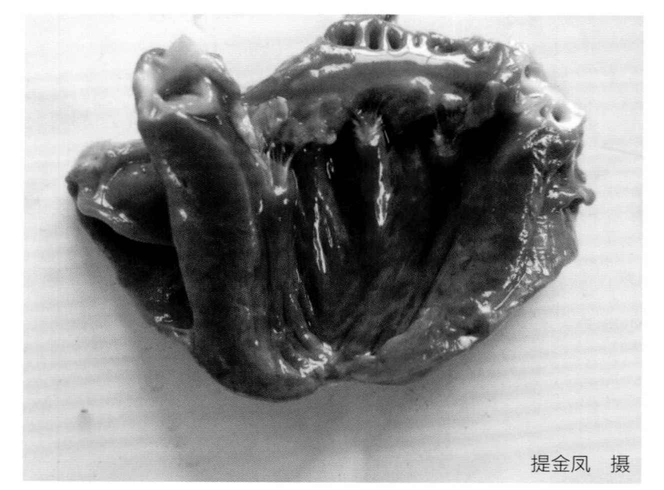

提金凤　摄

心内膜出血，心肌纤维出现黄白色条纹状坏死

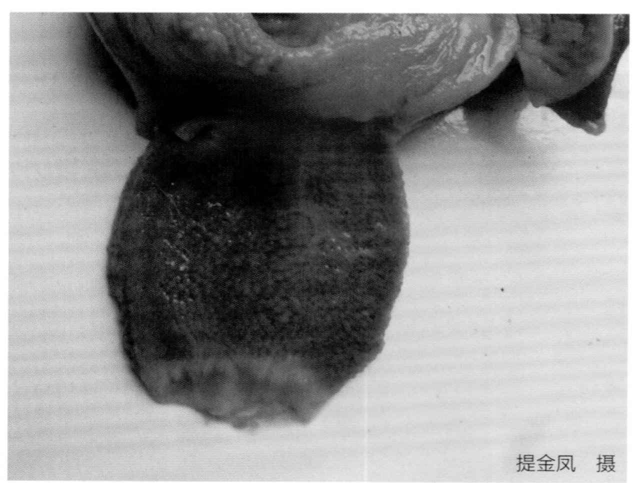

提金凤　摄

腺胃乳头出血

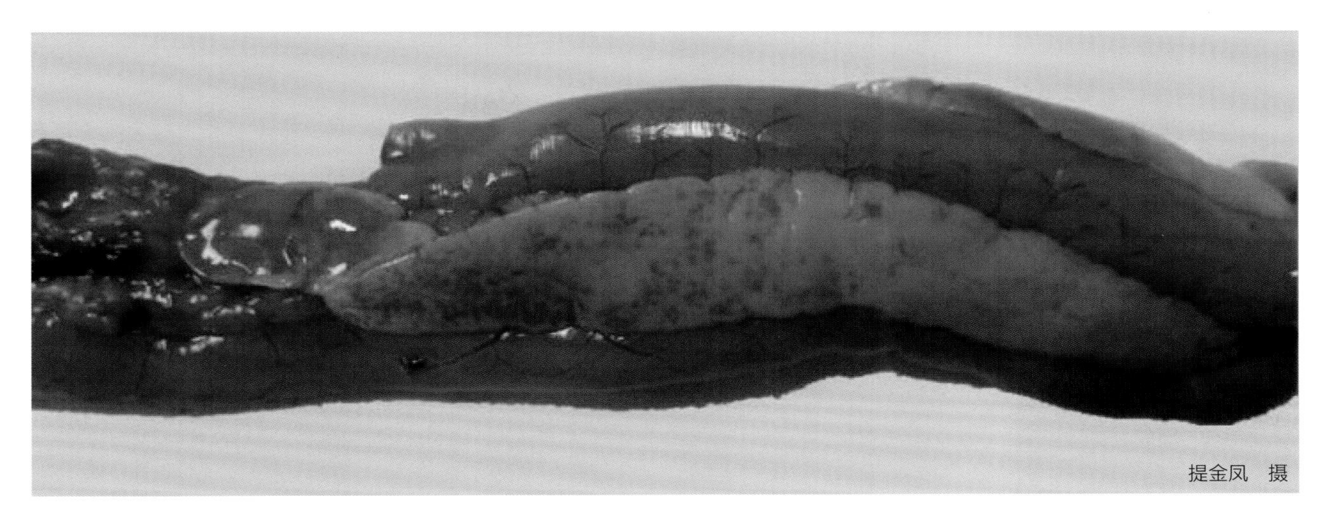

胰腺肿大，表面有黄白色透明或半透明的坏死斑点

脾脏肿大，表面有黄白色透明或半透明的坏死斑点

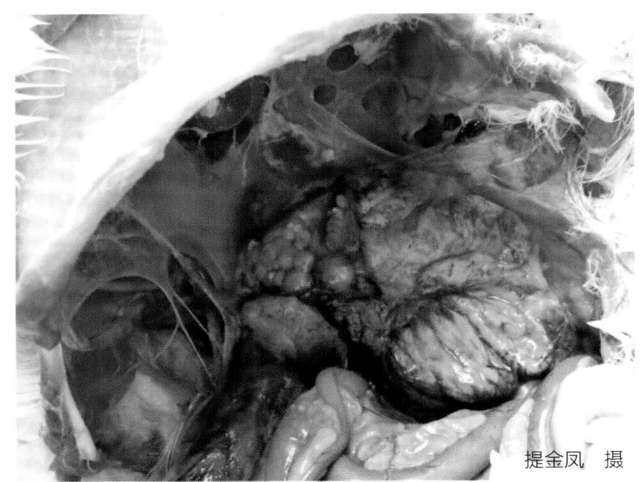

输卵管水肿、充血、出血

卵泡出血

卵泡出血、瘀血

卵泡变形、出血

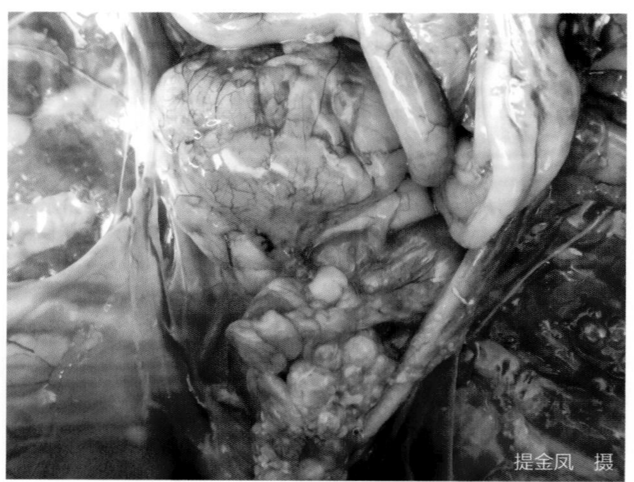

卵泡变形

（2）低致病性禽流感　鸭感染低致病性禽流感后主要表现喉头、气管黏膜充血、出血，支气管中有黄白色纤维素性或干酪样物质，肺水肿、出血、瘀血，有的出现纤维素性渗出；心内膜出血；肝脏瘀血、肿大、出血；腺胃乳头出血。产蛋鸭卵泡膜瘀血、出血，严重者卵泡破裂，形成卵黄性腹膜炎；输卵管黏膜水肿、充血，管腔中有浆液性、黏液性或干酪样物质；有的产蛋鸭输卵管和卵巢出现萎缩。

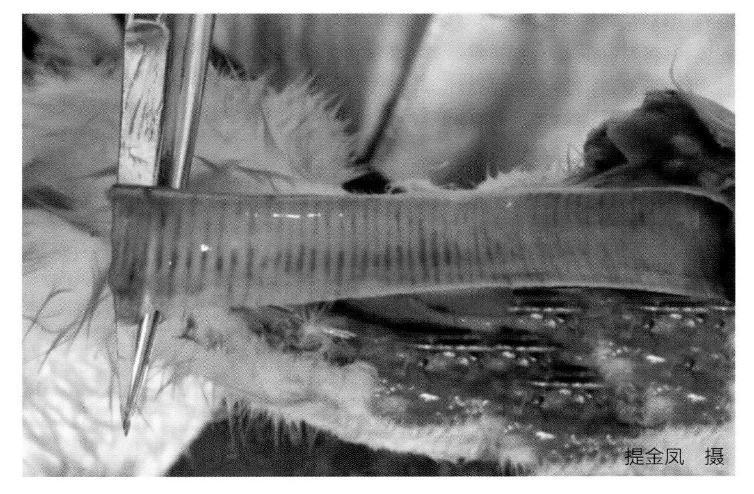

气管黏膜出血

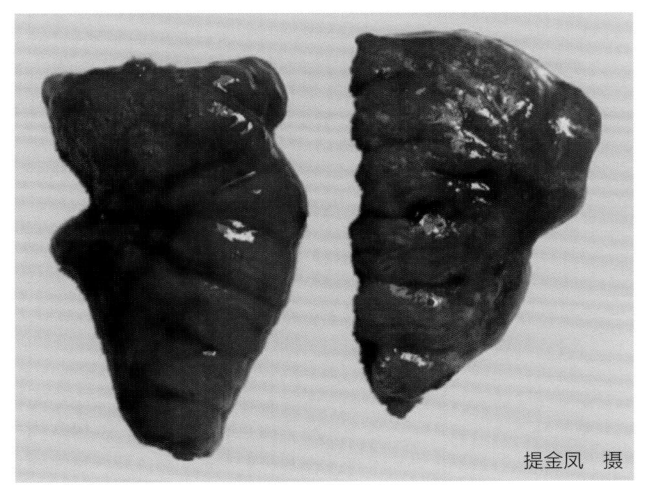

肺出血

心内膜出血

腺胃乳头出血

卵泡膜瘀血、出血

诊断要点

（1）高致病性禽流感

1）临床特征：头、面部肿胀，腿、脚发绀、出血，呼吸道症状明显，腹泻，有的出现神经症状。

2）剖检病变：全身皮肤和脂肪出血，心肌纤维有灰白色条纹状坏死，胰腺有黄白色透明坏死斑点等。

（2）低致病性禽流感

1）临床特征：主要表现明显的呼吸道症状，腹泻。

2）剖检病变：气管、支气管中有黄白色纤维素性渗出物，肺水肿、出血、瘀血，产蛋鸭输卵管管腔中有黏液性或干酪样物质。

防控措施

（1）采取严格的生物安全措施 加强饲养管理和卫生消毒工作，做好鸭场粪便、污物的无害化处理等。

（2）疫苗接种 农业农村部《国家动物疫病强制免疫指导意见（2022—2025年）》规定，高致病性禽流感应实施强制性免疫计划，对全国所有鸡、鸭、鹅、鹌鹑等人工饲养的禽类，根据当地实际情况，在科学评估的基础上选择适宜疫苗，进行H5和（或）H7亚型高致病性禽流感免疫。

高致病性禽流感的免疫程序（仅供参考）如下：

1）种鸭、蛋鸭：14~21日龄采用H5和H7亚型禽流感灭活疫苗进行首免，3~4周后加强免疫1次H5和H7亚型禽流感灭活疫苗，以后根据抗体检测结果，每隔4~6个月加强免疫1次。

2）商品肉鸭：7~10日龄，采用H5和H7亚型禽流感灭活疫苗免疫1次即可。

低致病性禽流感的免疫程序可参考高致病性禽流感。

（3）控制措施 一旦发生高致病性禽流感，应根据《中华人民共和国动物防疫法》《高致病性禽流感疫情处置技术规范》进行疫情处置。一旦确诊，立即在有关兽医行政管理部门的指导下划定疫点、疫区和受威胁区，严格封锁。扑杀疫点、疫区内所有感染的家禽，对扑杀、死亡的家禽及相关产品进行无害化处理。受威胁区内所有易感家禽采用国家批准使用的疫苗进行紧急强制免疫，并进行免疫效果监测。关闭疫点周围13千米范围的所有禽类及其产品交易市场。对疫点、疫区受威胁地区进行彻底消毒，消毒后21天，若受威胁地区的家禽不再出现新病例，可解除封锁。

发生低致病性禽流感，在严格隔离的基础上，可采用以下方法对症治疗：

1）采用抗病毒中药，如板蓝根、大青叶等。板蓝根每只每天2克或大青叶每只每天3克，粉碎后拌料使用。也可采用金丝桃素或黄芪多糖饮水，连用4~5天。

2）添加抗菌类药物，防止大肠杆菌或支原体等继发或混合感染，如在饮水中添加环丙沙星、头孢噻呋、泰乐菌素等，连用4~5天。

3）饲料中可添加0.18%的蛋氨酸和0.05%的赖氨酸，饮水中可添加0.03%的维生素C或0.1%~0.2%的电解多维，缓解症状，抵抗应激。

二、鸭副黏病毒病

简介

鸭副黏病毒病即鸭新城疫，是1型禽副黏病毒引起的鸭的一种急性病毒性传染病，各日龄、各品种鸭均易感，发病率和死亡率高。本病已成为严重危害我国养鸭业发展的重要传染病之一。目前，1型禽副黏病毒基因型呈现多样性，我国绝大部分水禽养殖地区均有流行，部分基因型（如基因Ⅶ型和基因Ⅸ型）对水禽致病性极强。

病原与流行特点

1型禽副黏病毒即新城疫病毒，病毒粒子呈球形，有囊膜，核酸是单股负链RNA。囊膜表面有2种纤突：一种纤突由血凝素－神经氨酸酶（HA-NA，HN）组成，一种纤突由融合蛋白（F）组成，F蛋白是决定病毒毒力的主要因素，也是毒株的重要分类依据。HN糖蛋白具有与细胞受体结合、破坏受体活性的作用。所有1型禽副黏病毒分离株均属于同一个血清型，根据病毒基因组的长度和核酸序列可将1型禽副黏病毒毒株分为Class Ⅰ和Class Ⅱ两大类。根据F基因序列差异系统发育进化分析，Class Ⅰ可分为9种基因型（基因1~9型），Class Ⅱ可分为11种基因型（基因Ⅰ~Ⅺ型）。目前，临床上1型禽副黏病毒流行的强毒株和所用的疫苗毒株均属于Class Ⅱ。1型禽副黏病毒不同基因型毒株间抗原性和遗传特性差异较大，抗原之间的差异可能与基因型有关，与宿主无关。

1型禽副黏病毒主要存在于病鸭脑、脾脏、肺、气管中，能在鸡胚、鸭胚中增殖。1型禽副黏病毒能凝集鸡、火鸡、鸭、鹅、鸽子、鹌鹑等禽类，所有两栖类，爬行类动物以及某些哺乳动物（如人、豚鼠、小白鼠等）的红细胞。病毒抵抗力不强，常用的消毒剂可在几分钟内将其灭活，但其在pH为2

和 pH 为 10 的条件下可存活数小时，阴暗、潮湿、寒冷的环境中也能存活很久。

鸭、鹅和野生水禽是 1 型禽副黏病毒的储存宿主。不同品种鸭对本病均有易感性，雏番鸭最易感，不同年龄鸭均可感染发病，其中 5~35 日龄雏鸭更易感，发病率为 15%~53%，病死率为 10%~35%。鸭日龄越小，发病率、死亡率越高。随着日龄增长，发病率和死亡率有所下降。

本病的传染源主要是病鸭和带毒鸭，病鸭和带毒鸭的分泌物或排泄物污染饲料、饮水、垫料、用具、孵化器等，易感鸭通过消化道或破损的皮肤、黏膜感染；病鸭打喷嚏或咳嗽时的飞沫中含有大量病毒，散布在空气中造成污染，易感鸭通过呼吸道感染发病。病鸭粪便中也含有病毒，易感鸭可通过消化道感染。

本病没有明显季节性，一年四季均可发生。

临床症状

本病病程为 2~6 天。病鸭主要表现精神沉郁，食欲下降或废绝，体温升高达 42℃，怕冷聚堆；鼻孔周围有黏性分泌物，流出鼻液，口中有黏液；咳嗽、呼吸急促、呼吸困难等；腹泻，排灰白色或绿色稀便。有的病鸭出现神经症状，如角弓反张、扭颈、仰头、转圈、瘫痪或共济失调等。蛋鸭或种鸭感染后发病率和死亡率不高，主要表现产蛋率下降，产软壳蛋、沙壳蛋、无壳蛋等增多。本病能通过种蛋传播，引起胚胎死亡，弱雏增多，多出现神经症状。

病鸭出现扭颈、瘫痪等神经症状

病理变化

病鸭主要病变特征为消化系统和呼吸系统器官的黏膜充血、出血、坏死或溃疡，胰腺、气管、十二指肠和泄殖腔出血明显。气管环出血，喉头黏膜出血，肺出血；口腔有大量黏液；腺胃黏膜脱落，腺胃乳头出血，腺胃与肌胃交界处有出血点；十二指肠、空肠、回肠黏膜局灶性出血和溃疡，肠黏膜纤维素性坏死；肝脏肿大，呈紫红色或紫黑色；脾脏肿大、瘀血，表面和切面均有大小不一、灰白色或浅黄色的坏死灶，有的如粟粒大小，有的融合成绿豆大小；胰腺上散布针尖大小白色坏死点或出血点；肾脏肿大，有尿酸盐沉积；胸腺肿大、出血。产蛋鸭卵泡变形，严重者破裂。有神经症状的病鸭脑膜出血。

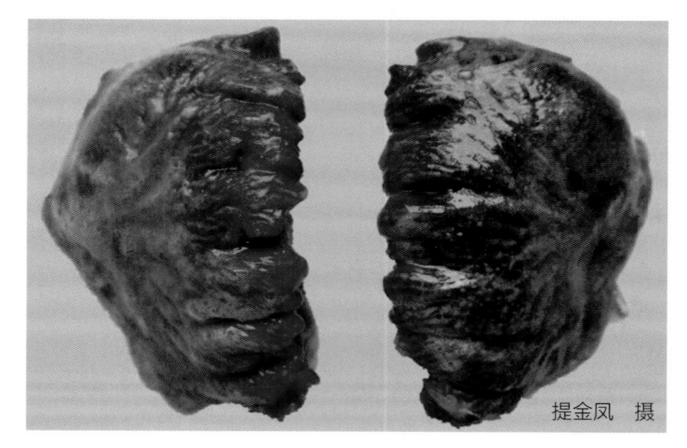
提金凤　摄

肺出血

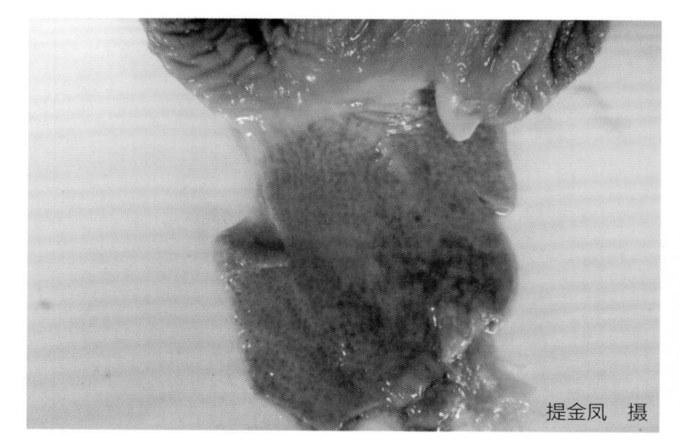
提金凤　摄

腺胃乳头出血

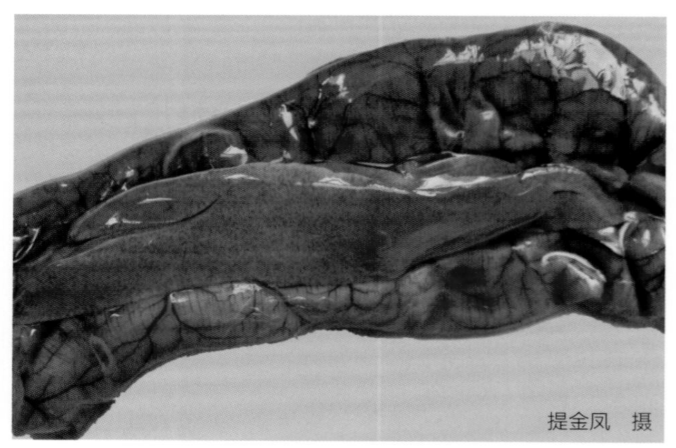
提金凤　摄

胰腺上散布针尖大小的出血点

诊断要点

（1）临床特征 病鸭咳嗽、呼吸困难，腹泻，排灰白色或绿色稀便，有的出现神经症状。

（2）剖检病变 消化系统和呼吸系统器官黏膜充血、出血、坏死或溃疡，胰腺、气管、十二指肠和泄殖腔出血明显。

防控措施

（1）科学选址，建立、健全科学的卫生防疫制度及饲养管理制度 新引进鸭必须严格隔离饲养，同时接种灭活疫苗，隔离2周证实无病后才能与健康鸭合群饲养，鸭场进出人员和车辆要严格进行消毒。

（2）疫苗接种 目前，国内有学者研制出了与水禽中优势流行的1型禽副黏病毒相同基因型的疫苗，有望推广应用。

（3）治疗 鸭群发病后，将病鸭隔离或淘汰，将病死鸭进行无害化处理。尚未出现症状的鸭采用新城疫油乳剂灭活疫苗紧急接种，饮水中添加抗生素，以防止继发感染细菌性传染病，也可促进肠道病变的恢复。对病鸭可采用新城疫病毒的高免血清或高免卵黄抗体紧急注射，具有较好的治疗效果。

三、鸭瘟

简介

鸭瘟又名鸭病毒性肠炎，是由鸭瘟病毒引起的鸭、鹅、天鹅的一种急性败血性传染病。本病于1923年在荷兰首次发现，1967年在美国流行，被称为鸭病毒性肠炎，我国于1957年首次报道。目前，本病已遍布世界绝大多数养鸭、养鹅地区及野生水禽主要迁徙地，由于传播快、发病率和病死率高，给养鸭业造成严重的经济损失。

病原与流行特点

鸭瘟病毒又称为鸭肠炎病毒或鸭疱疹病毒 1 型，属于疱疹病毒科，α 疱疹病毒亚科。病毒粒子具有典型疱疹病毒的形态特点，呈球形，有囊膜，核酸为双股线性 DNA。病毒能在鸭胚、鹅胚中生长繁殖。病毒在鸭胚或鹅胚中传代后，才能适应于鸡胚。病毒能适应于鸭胚、鹅胚、鸡胚成纤维细胞，连续传代培养后，毒力减弱。利用这种方法可进行弱毒株的培育，研制疫苗。病毒对热敏感，对低温抵抗力较强，对乙醚和氯仿敏感，pH 在 7.8~9.0 的条件下经 6 小时病毒滴度不降低，常用的化学消毒剂均能消灭鸭瘟病毒。

不同年龄、品种鸭均可感染，番鸭、麻鸭、绵鸭易感性最强，北京鸭次之。鹅也能感染发病。自然条件下，成年鸭和产蛋母鸭发病和死亡较为严重。本病传染源是病鸭、病鹅，潜伏期及病愈不久的带毒鸭、带毒鹅。被病鸭、病鹅、带毒鸭和带毒鹅污染的饲料、饮水、用具和运输工具等，都是造成鸭瘟传播的重要因素。某些野生水禽和飞鸟可能感染或携带病毒，有可能成为传播本病的重要传染源。在购销和运输鸭群时，也会使本病从一个地区传至另一个地区。鸭瘟的主要传播途径是通过消化道传染，也可以通过交配、眼结膜和呼吸道传播，吸血昆虫也能成为本病的传播媒介。

本病一年四季均可发生，一般春、夏之际和秋季流行最为严重。

临床症状

发病初期，病鸭表现体温升高，一般可升高到 42~43℃，甚至达 44℃，呈稽留热；病鸭精神沉郁，食欲下降或废绝，饮水增加，常离群呆立，头颈蜷缩，羽毛松乱，两翅下垂；两脚麻痹无力，行动困难，严重者伏卧在地上不愿走动，驱赶时，两翅扑地走动，不愿下水。

眼睛有分泌物和眼睑水肿是鸭瘟的特征症状。初期是浆液性分泌物，眼睛周围的羽毛被沾湿，之后出现黏液性或脓性分泌物，眼睑粘连不能张开。有的病鸭头颈部肿胀，故本病又称为“大头瘟”。病鸭鼻腔流出黏稠的分泌物，呼吸困难，个别病鸭频频咳嗽；腹泻，排灰白色或黄绿色稀便，肛门周围羽毛被污染并结块。

提金凤　摄

病鸭排出灰白色稀便

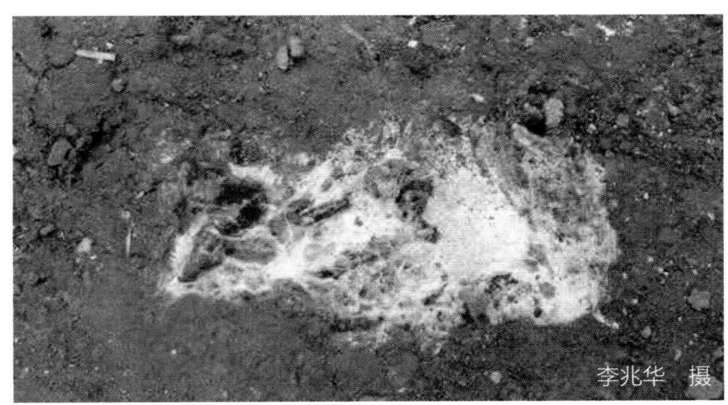
李兆华　摄

病鸭排出黄绿色稀便

李兆华　摄

病鸭腹泻，肛门周围羽毛被污染

闵兰　摄

病鸭行动困难，卧地不起

眼睑肿胀

头颈部肿胀

头部肿胀

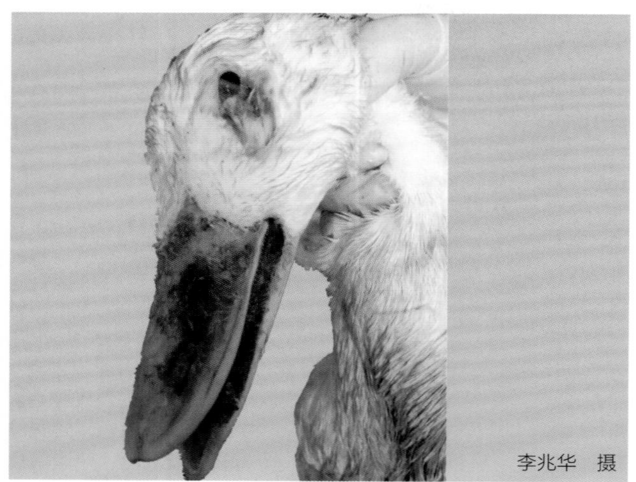

眼、鼻有黏稠的分泌物

病理变化

鸭瘟的特征性病理变化主要表现为食道黏膜上有出血点或纵行排列的灰黄色假膜覆盖，泄殖腔黏膜出血或表面覆盖一层灰褐色或黄绿色的假膜，腺胃与食道膨大部的交界处有一条灰黄色坏死带或出血带，肠黏膜充血、出血，小肠淋巴滤泡出血，空肠和回肠黏膜上出现环状出血带。肝脏出血，表面有大小不等的出血点或灰黄色、灰白色的坏死点。头颈肿胀的病例，皮下组织有黄色胶冻样渗出液。产蛋母鸭的卵巢充血、出血，有时卵泡破裂，形成卵黄性腹膜炎。

食道黏膜有出血点

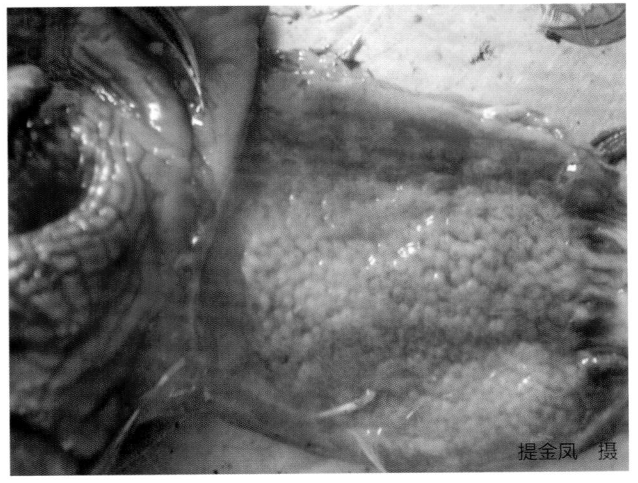

腺胃与食道膨大部的交界处有出血带

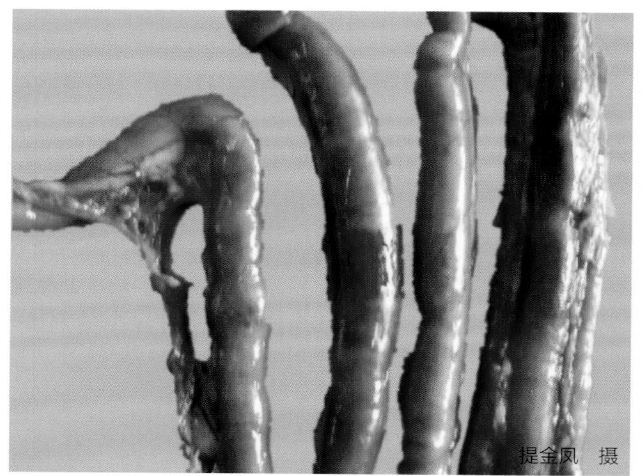

小肠淋巴滤泡出血

肝脏表面有大小不等、灰白色的坏死点

肝脏出血

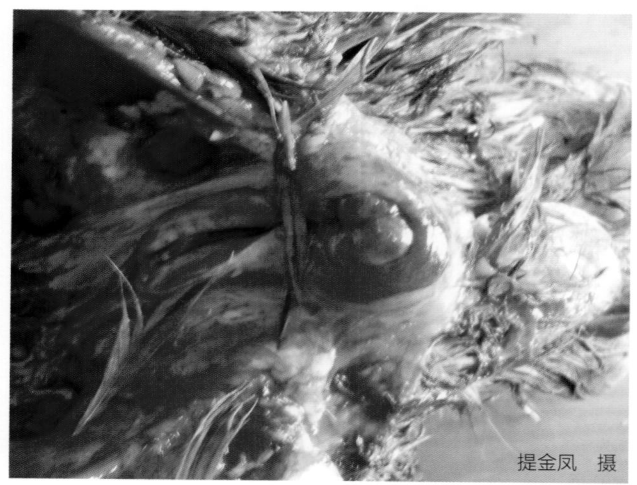

泄殖腔黏膜出血

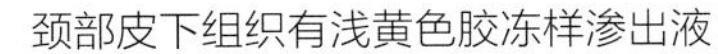
颈部皮下组织有浅黄色胶冻样渗出液

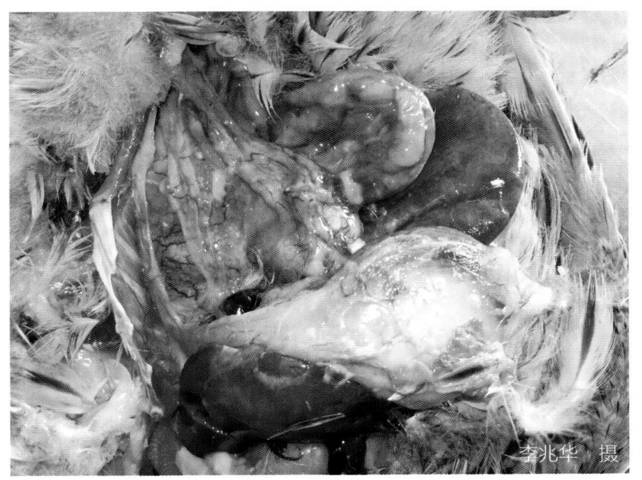

卵黄性腹膜炎

诊断要点

（1）临床特征　体温升高，流泪，两腿麻痹，头颈肿胀。

（2）剖检病变　食道和泄殖腔黏膜出血、有假膜覆盖，肝脏表面有大小不一的出血点或灰黄色、灰白色的坏死点，肠黏膜有环状出血带等。

防控措施

1）加强饲养管理和卫生消毒工作，坚持自繁自养。

2）定期接种鸭瘟疫苗。目前常用疫苗有鸭瘟鸭胚化弱毒疫苗和鸭瘟鸡胚化弱毒疫苗。肉鸭 7 日龄

左右进行首免，肌内注射，每只 0.5 羽份；20 日龄左右 2 免，肌内注射，每只 1 羽份。种鸭和产蛋鸭除了进行上述 2 次免疫外，开产前 10~15 天，肌内注射，每只 2 羽份，以后每隔 3~4 月加强免疫 1 次。产蛋高峰期应避免进行免疫，以免产蛋率下降。

3）治疗。一旦发病，立即采取隔离、消毒和紧急接种等措施。紧急接种越早进行越好，对可疑感染和受威胁鸭群立即注射弱毒疫苗，一般在接种后 1 周内死亡率显著降低，迅速控制住疫情。也可注射抗鸭瘟血清，每只 0.5~1 毫升。饮水中可添加电解多维。为防止细菌继发感染，可在饮水中添加强力霉素，连用 7 天。严禁病鸭出售或外调，对病死鸭进行无害化处理，对鸭舍、用具、鸭群彻底消毒，防止疫情进一步扩散。

四、鸭短喙侏儒综合征

简介

2014 年 11 月以来，我国安徽、山东、江苏等地的雏鸭出现生长发育迟缓，上下喙短缩，舌头外伸、肿胀，感染后期胫骨和翅骨易发生骨折。鉴定表明病原为新型鹅细小病毒。

20 世纪 70 年代初，法国东南部发生过半番鸭上喙变短、生长不良的疫病，20 世纪 90 年代末匈牙利 Vilmos Palya 等鉴定其为鹅细小病毒感染。波兰和我国台湾等地的鸭群中也曾发生过。2008 年下半年，我国江南地区的半番鸭和台湾白改鸭出现软脚、翅脚易折断、上喙变短、生长迟缓等症状，病死率低，鉴定表明病原为新型番鸭细小病毒。

由于新型鹅细小病毒和新型番鸭细小病毒均能引起喙短、舌头外伸、翅脚易折断等症状，因此命名为鸭短喙侏儒综合征。

病原与流行特点

病原包括新型鹅细小病毒和新型番鸭细小病毒。

基因分析发现，新型鹅细小病毒的基因一部分来自经典鹅细小病毒，一部分来自经典番鸭细小病毒，因此推断该病毒为重组病毒。新型鹅细小病毒只有1个血清型，接种鸭胚和鹅胚后，鸭胚绒毛尿囊膜增厚、混浊，胚体出血，鹅胚无明显病变，病毒尿囊液均无血凝特性。病毒对环境抵抗力较强，能抵抗氯仿、乙醚、胰酶等。

基因重组分析表明，新型番鸭细小病毒分离毒株存在鹅细小病毒和番鸭细小病毒自然重组现象。新型番鸭细小病毒只有1个血清型，与小鹅瘟病毒在形态、理化特性、基因组大小等方面均很相似，两者存在一定的抗原交叉性。新型番鸭细小病毒耐受乙醚、氯仿、胰蛋白酶、热、酸等，对多种化学物质稳定，无血凝活性。

新型鹅细小病毒主要感染樱桃谷商品鸭、半番鸭、绿头鸭、番鸭、白改鸭、褐莱鸭等。鸭群发病日龄为13~40日龄，早的可到10日龄，发病率为5%~20%，严重者达40%左右，日龄越小，发病率越高。病鸭死亡率较低，出栏肉鸭较正常出栏肉鸭体重轻20%~30%，严重者仅为正常鸭体重的50%。病鸭和带毒鸭是主要传染源，呼吸道和消化道传播是主要传播途径，也能垂直传播。

新型番鸭细小病毒主要感染番鸭、麻鸭、半番鸭、北京鸭、樱桃谷鸭、台清白鸭等，发病率、病死率随鸭品种、日龄不同差异较大，一般感染鸭日龄越小发病率、病死率越高。7日龄以内半番鸭感染，发病率高达50%，病死率接近4%。20日龄半番鸭感染，发病率接近20%，病死率仅1%，甚至不出现死亡。病鸭和带毒鸭是主要传染源，本病既能发生水平传播，也能发生垂直传播。

临床症状

（1）新型鹅细小病毒引起的鸭短喙侏儒综合征 雏鸭最早10日龄左右开始出现症状，生长速度较慢，羽毛发育障碍，大小不均匀，有的病鸭开始出现上、下喙短缩、钝圆；3周龄后，病鸭喙短和生长不良的症状更加明显，鸭舌突出外露、向下弯曲，僵硬不灵活，有的甚至干裂。病鸭喙部发绀，喙出现器质性病变后难以恢复，影响采食，导致病鸭瘦弱、精神不振，双腿无力，站立不稳，常跛行、蹲伏或卧地不起。病鸭羽毛发育障碍，胫骨短粗、易骨折，屠宰脱毛时易断腿、断翅。病鸭排绿色或白色稀便，呼吸困难、张口呼吸，眼、鼻有分泌物，有的病鸭死前出现全身抽搐、歪脖、角弓反张等症状。

病鸭喙短，舌外露、向下弯曲（一）

病鸭喙短，舌外露、向下弯曲（二）

病鸭喙短，舌外露、干裂

病鸭羽毛发育障碍

病鸭羽毛发育不良

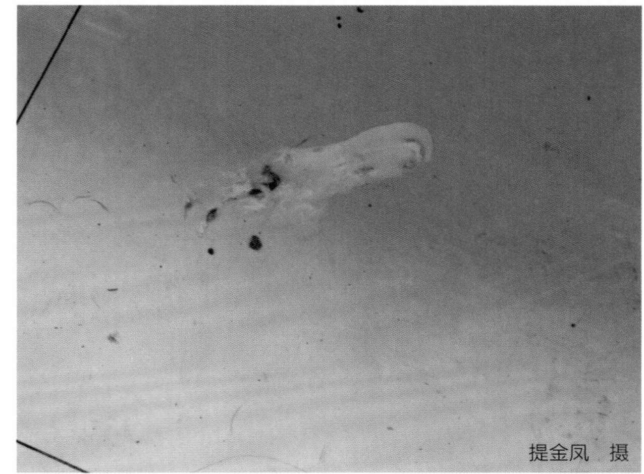

病鸭排绿色或白色稀便

（2）新型番鸭细小病毒引起的鸭短喙侏儒综合征　番鸭感染后表现为张口呼吸、腹泻、软脚、不愿运动，病死率较高。存活番鸭继续饲养，表现为生长发育迟缓，体重减轻，上喙变短，翅膀、腿骨易骨折，出栏时僵鸭、残鸭比例高。

半番鸭和台湾白改鸭感染后表现为轻度腹泻、软脚、不愿活动，生长发育迟缓，体重减轻，上喙变短，翅膀、腿骨易折断，出栏时残次鸭比例占一半以上。

病理变化

（1）樱桃谷鸭感染新型鹅细小病毒　主要表现为舌短小、肿胀，胸腺肿大、出血，骨质较疏松；肠黏膜出血，有的病例小肠中出现纤维素性栓子。

（2）雏番鸭感染新型番鸭细小病毒 主要表现为胰腺有针尖大小白色坏死点，十二指肠黏膜出血，胸腺出血等。存活番鸭有的胫骨断裂、胸骨出血。

（3）半番鸭和台湾白改鸭感染新型番鸭细小病毒 主要表现为胸腺出血、胫骨断裂、卵巢萎缩等，其他脏器病变不明显。

诊断要点

（1）临床特征 病鸭发育迟缓，上下喙短缩，舌头外伸、肿胀，胫骨和翅膀易发生骨折。

（2）剖检病变 病鸭舌短小、肿胀，骨质疏松，胫骨断裂。有的病例小肠中有纤维素性栓子。

防控措施

（1）搞好饲养管理和卫生消毒工作，尤其要做好育雏舍、孵化室的消毒 孵化器、出雏器、蛋箱、蛋盘、出雏箱等设备用具，先清除污物，再擦洗干净、晾干，用0.1%的新洁尔灭或0.015%的百毒杀浸泡或喷洒消毒，晾干。孵化室、用具使用前数天，每立方米体积用14毫升福尔马林和7克高锰酸钾熏蒸消毒。种蛋用0.1%的新洁尔灭或0.015%的百毒杀洗涤、消毒、晾干。若蛋壳表面有污物，先清洗，再进行消毒。种蛋入孵当天用福尔马林熏蒸消毒。禽舍、外周环境每周消毒2~3次，消灭外界环境中的病原微生物，切断传播途径。

（2）免疫预防 新型鹅细小病毒和新型番鸭细小病毒与经典毒株的抗原性差异不大，用已有免疫产品预防可有效控制本病。雏鸭1~3日龄注射小鹅瘟高免卵黄抗体0.5~0.8毫升预防效果好。

（3）治疗 发病后，及早注射小鹅瘟高免血清或抗体，每只0.3~0.5毫升。已出现短喙、骨骼短粗的鸭子无治疗价值。饲料中添加维生素D_3，连用7~10天，有一定治疗效果。病死鸭焚烧深埋，做无害化处理，严禁出售。

五、鸭坦布苏病毒感染

简介

鸭坦布苏病毒感染最早是在2010年我国东南养鸭地区出现的一种病毒性传染病，随后迅速蔓延至全国各地，给我国养鸭业带来严重经济损失。

病原与流行特点

鸭坦布苏病毒属于黄病毒科黄病毒属的恩塔亚病毒群，属于蚊媒病毒类成员。病毒具有典型黄病毒的形态结构，病毒粒子呈球形，表面有囊膜和纤突。病毒可以在鸭胚、鹅胚和鸡胚中增殖，也能在原代或传代细胞上增殖。病毒抵抗力不强，不能耐受氯仿、丙酮等有机溶剂；pH小于6或大于9时，病毒失去感染活性；不耐热，56℃作用30分钟可灭活；不能凝集鸡、鸭、鸽、鹅、兔、小鼠等动物的红细胞。

本病自2010年发生以来，几乎波及我国所有水禽主产区，发病率高达100%，产蛋鸭死亡率为1%~5%，肉鸭死亡率为10%~55%。鸭坦布苏病毒可感染北京鸭、樱桃谷鸭、麻鸭、番鸭、金定鸭、白改鸭、绍兴鸭及坎贝尔鸭等多个品种，产蛋鸭和10~25日龄肉鸭易感性更强。除鸭外，鹅、鸡、麻雀、鸽子等禽类或野生鸟类也能感染。

本病主要以水平传播为主。病鸭可通过分泌物和排泄物排出病毒，污染环境、饲料、饮水、器具、运输工具等，易感鸭群通过呼吸道和消化道感染病毒。蚊子和野生鸟类在本病传播中可能起媒介作用。研究发现本病能通过直接接触传播和空气传播。病鸭卵泡膜中病毒检出率很高，种蛋孵化率和受精率下降，可在死胚、弱雏中检测到病毒，提示病毒存在垂直传播的可能性。

本病一年四季均能发生，尤其是秋、冬季节发病严重，常呈现地方流行性或散发性。

临床症状

鸭坦布苏病毒对不同日龄鸭致病性差异明显，鸭日龄越小，易感性越强，发病率、死亡率越高。

（1）雏鸭 病初采食量下降，排灰白色或绿色稀便；后期表现神经症状，如站立不稳，瘫痪，运动失调，头部震颤，扭颈，走路呈八字形，容易翻滚（腹部朝上，两腿呈游泳状）等。严重者采食困难，痉挛，倒地不起，两腿向后踢蹬，最后衰竭而死。雏鸭淘汰率高，一般为 10%~30%，严重者可达 70%。

（2）育成鸭 症状轻微，出现一过性精神沉郁，采食下降，很快耐过。

（3）产蛋鸭 产蛋率下降。病初，大群鸭精神尚好，粪便稀薄变绿，接着突然出现采食量大幅下降，体温升高，排绿色稀便，有的病鸭瘫痪，产蛋率急剧下降，1 周左右下降至 10%~30%，严重者甚至停产，产蛋率降幅每天可达 5%~20%，35 天后产蛋率逐渐恢复，要恢复至高峰需 1~2 个月。发病率高达 100%，死淘率为 5%~15%，若出现继发感染，死淘率可达 30%。发病后期，病鸭神经症状明显，表现步态不稳、行动障碍、共济失调、瘫痪等。

雏鸭腹部朝上，两腿呈游泳状

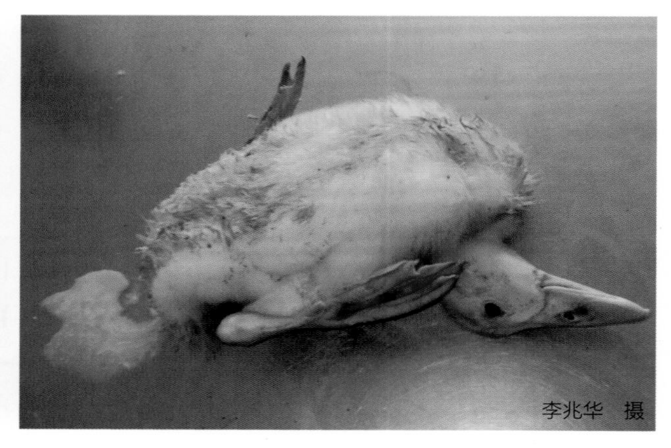

病鸭腹泻，腹部朝上

病鸭倒地、腹部朝上

病鸭扭颈、倒地、腹部朝上

病鸭排绿色稀便

病理变化

（1）**雏鸭**　以病毒性脑炎为特征。脑组织水肿，脑膜充血、有大小不一的出血点，脑部毛细血管充血。肾脏红肿或有尿酸盐沉积，心包积液，腺胃出血，肺水肿、出血，肝脏肿大、瘀血、有坏死。

（2）**育成鸭**　脑组织轻微水肿，有时可见轻微充血。

（3）**产蛋鸭**　主要病变在卵巢，表现为卵泡变形、萎缩，卵黄变稀，严重的卵泡膜充血、出血、破裂，形成卵黄性腹膜炎。腺胃出血，胰腺出血、水肿，肝脏肿大、颜色发黄，脾脏斑驳呈大理石样，有的肿大、出血，心肌苍白，心冠脂肪有出血点。公鸭可见睾丸体积缩小，重量减轻，输精管萎缩，精子质量下降。

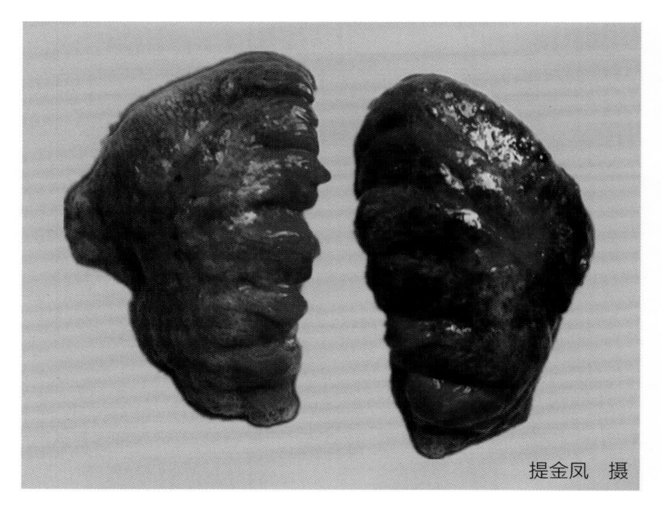

提金凤　摄

肺出血

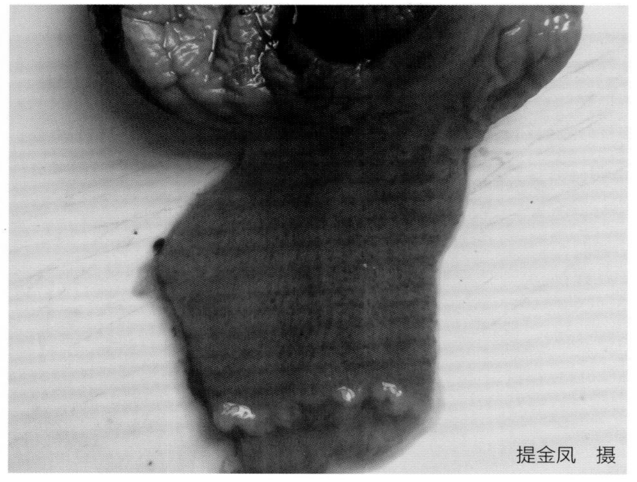

提金凤　摄

腺胃出血

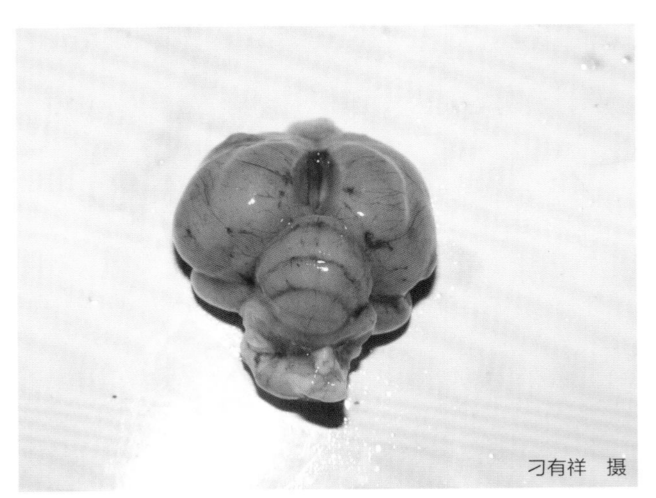

脑膜充血、出血

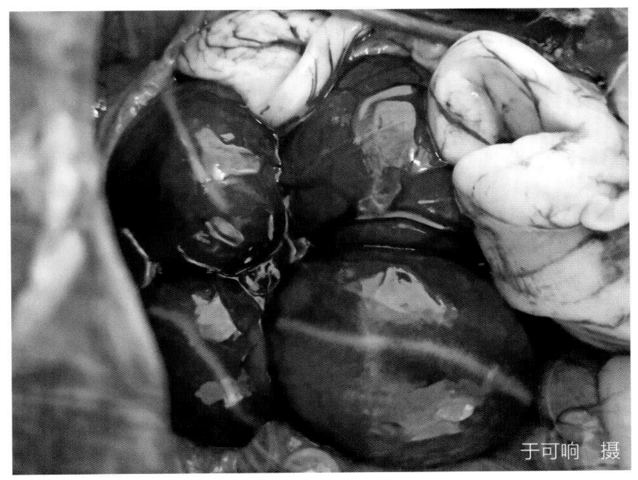

卵泡膜出血

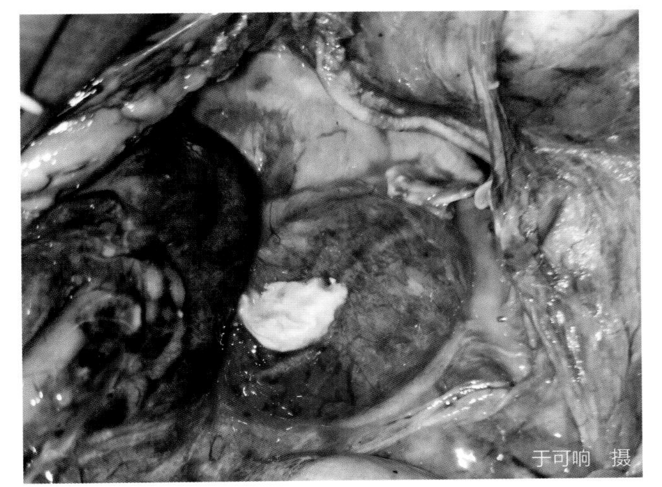

卵泡膜出血、卵黄性腹膜炎（一）

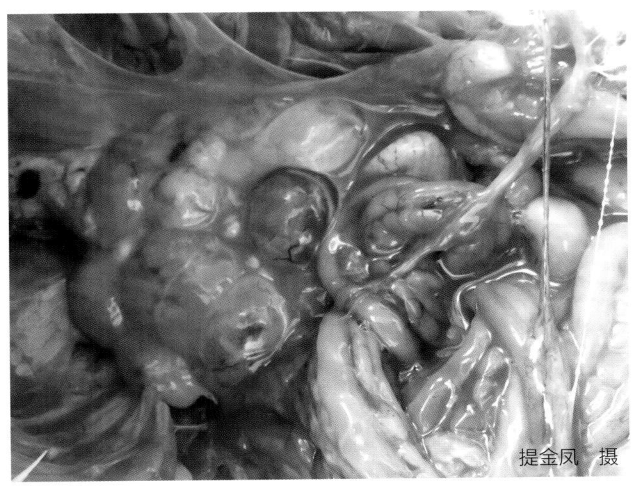

卵泡膜出血、卵黄性腹膜炎（二）

诊断要点

（1）临床特征 雏鸭感染后主要表现瘫痪、倒地震颤等神经症状；产蛋鸭感染后主要表现产蛋率下降。

（2）剖检病变 雏鸭感染后出现脑组织水肿，脑膜充血等特征；产蛋鸭感染后，卵泡膜出血、卵泡破裂，形成卵黄性腹膜炎等特征。

防控措施

（1）加强饲养管理 改善养殖环境，减少应激因素，定期消毒，减少病原污染，提高鸭群的抵抗力。如降低饲养密度，保证鸭舍温度、湿度和合理通风，可以降低发病风险和严重程度；及时灭蚊、灭蝇、灭虫，以避免蚊虫叮咬；防止野鸟与鸭群密切接触。

（2）疫苗接种 目前临床上常用的商品化疫苗有鸭坦布苏病毒弱毒疫苗和灭活疫苗，两种疫苗保护效果良好。蛋鸭或种鸭 11 周龄和 14 周龄用弱毒疫苗免疫 2 次可有效预防本病。使用灭活疫苗也可有效预防本病，开产前 2 周左右接种油乳剂灭活疫苗，每只 0.5 毫升，3 个月后加强免疫 1 次，每只 1 毫升。免疫种鸭的后代雏鸭 10 日龄左右免疫，非免疫种鸭的后代雏鸭 5~7 日龄免疫，鸭群可选择油乳剂灭活疫苗或弱毒疫苗。

（3）治疗 发病后采用对症疗法。饲料或饮水中添加电解多维、葡萄糖、抗病毒中药（黄芪多糖、双黄连、大青叶）等，可减轻病情，有助于鸭群恢复健康。饮水中添加适量抗生素以防止继发细菌感染，降低鸭群死淘率。

六、番鸭细小病毒病

简介

番鸭细小病毒病又称为番鸭“三周病”，是由番鸭细小病毒引起的一种急性、败血性、高度接触性传染病，主要发生于1~3周龄雏番鸭，主要症状为腹泻、喘气和软脚，发病率和死亡率高。1958年，福建省莆田市首次发生本病，1988年定名。

病原与流行特点

番鸭细小病毒有实心和空心两种类型，正二十面体对称，无囊膜，基因组为线性、单链DNA。病毒能在番鸭胚、鹅胚中繁殖，并引起胚胎死亡，不能在鸡胚中增殖；在鸭胚适应后，能在番鸭胚成纤维单层细胞上增殖并引起细胞病变。病毒没有血凝活性，不能凝集禽类和哺乳动物的红细胞；对乙醚、胰蛋白酶、酸和热等均有很强的抵抗力，但对紫外线敏感。尿囊液和细胞培养液中的病毒，经60℃水浴120分钟、65℃水浴60分钟或70℃水浴15分钟，毒力无明显变化。

本病主要感染20日龄以内雏番鸭，日龄越小，发病率和病死率越高。病番鸭和带毒番鸭是主要传染源，主要通过分泌物和排泄物排出大量病毒，污染饲料、饮水、器具、运输工具等，易感雏番鸭通过消化道感染，引起发病，造成疾病传播。本病也能垂直传播，病番鸭或带毒番鸭所产的种蛋带毒，孵出的雏番鸭发病，引起本病在孵坊内传播。

本病季节性不明显，但冬、春季节发病率和死亡率较高。冬、春季节气温低，育雏室空气流通不畅，空气中氨气和二氧化碳浓度较高，容易诱发本病。

临床症状

本病潜伏期一般为4~9天，根据病程长短可分为最急性型、急性型和亚急性型。

（1）最急性型 临床上出现较少，多发生于6日龄以内雏番鸭，发病急，病程短，一般持续数小时。病雏通常不出现明显症状就倒地死亡，临死前两腿乱划，头颈向一侧扭曲。

（2）急性型 多发生于7~14日龄雏番鸭。主要表现精神沉郁，羽毛蓬乱，翅下垂，尾端下弯，行动无力，不愿走动，厌食，离群呆立；腹泻，排灰白色或浅绿色稀便，黏附于肛门周围；呼吸困难，张口呼吸，喙端发绀，常蹲伏。病程一般为2~4天，死前病雏两腿麻痹、倒地、衰竭而死。

（3）亚急性型 多发生于日龄较大的雏鸭。主要表现精神委顿，蹲伏，两腿无力，行走迟缓，排灰白色或黄绿色稀便，黏附于肛门周围。病程一般为5~7天，病死率低，康复鸭大部分生长发育受阻，成为僵鸭。

病理变化

（1）最急性型 病变不明显，仅在肠道内出现急性卡他性炎症，有时伴有肠黏膜出血。

（2）急性型 全身呈败血症变化。心脏变圆，心壁松弛，左心室病变明显。肝脏、肾脏、脾脏稍肿大，胆囊充盈。胰腺肿大，表面有灰白色针尖大小的病灶。特征性病变在肠道，空肠中、后段显著膨胀，剖开可见一小段黄绿色、质地松软、黏稠的渗出物，长3~5厘米，主要由肠内容物、炎性渗出物和脱落的肠黏膜组成。肠黏膜有不同程度的充血和点状出血，尤其是十二指肠和直肠后段。大部分病死鸭泄殖腔扩张、外翻。

（3）亚急性型 剖检变化与急性型相似。

诊断要点

（1）临床特征 行动无力，排灰白色或黄绿色稀便，黏附于肛门周围。呼吸困难，喙端发绀。

（2）剖检病变 空肠中、后段膨胀，剖开可见黄绿色、质地松软、黏稠的渗出物，长3~5厘米。

防控措施

1）种蛋、孵坊、孵化用具、育雏室等要严格消毒，刚出壳的雏番鸭避免与新购入的种蛋接触。若孵坊已被污染，应立即停止孵化，彻底消毒。

2）疫苗接种。1日龄雏番鸭肌内注射0.2毫升疫苗，保护其在易感期内不发病。或者每只雏鸭皮下注射1毫升番鸭细小病毒高免血清或高免卵黄抗体，用于本病预防。或者种番鸭免疫，其后代成活率可达95%以上。

3）番鸭一旦发病，立即隔离病鸭，番鸭场彻底消毒。发病番鸭、疫区或受威胁地区尚未发病番鸭尽早注射番鸭细小病毒高免血清或高免卵黄抗体，发病雏番鸭每只皮下注射2~3毫升，治愈率在70%以上。尚未发病雏番鸭使用剂量可适当减少。

七、鸭呼肠孤病毒病

简介

呼肠孤病毒广泛存在于家禽中，鸡群感染的报道最常见。鸭呼肠孤病毒病是由鸭呼肠孤病毒引起的鸭的一种病毒性传染病，多个品种鸭均可感染发病。鸭呼肠孤病毒与鸡呼肠孤病毒有一定的抗原相关性，但存在较大差异，鸭发病后的临床表现与鸡不同。

病原与流行特点

鸭呼肠孤病毒目前主要包括番鸭呼肠孤病毒和新型鸭呼肠孤病毒。病毒能在禽胚中增殖，经尿囊腔、卵黄囊或绒毛尿囊膜接种均可生长。病毒还能在番鸭胚和鸡胚成纤维细胞、地鼠肾传代细胞和非洲绿猴肾细胞上增殖并产生细胞病变。病毒对热有抵抗力，能耐受60℃条件下8~10小时、56℃条件下22~24小时、37℃条件下15~16周、4℃条件下3年以上、-20℃条件下4年以上；对乙醚不敏感，对氯仿轻度敏感，对2%的来苏尔、3%的福尔马林、pH为3时有抵抗力，对2%~3%的氢氧化钠、70%的乙醇敏感；不能凝集禽类及哺乳动物的红细胞。

番鸭、半番鸭、麻鸭、北京鸭、樱桃谷鸭等多个品种均易感。1997年我国南方番鸭中发生的番鸭呼肠孤病毒感染又称为番鸭花肝病或番鸭肝白点病，7~45日龄番鸭多发，发病率为20%~90%，病死率一般为10%~30%，若受到应激或混合感染，病死率可达90%。2005年我国番鸭、半番鸭和麻鸭中出现了新型鸭呼肠孤病毒感染，3~25日龄鸭多发，病程为5~7天，发病率为5%~20%，死亡率为2%~15%。鸭日龄越小，发病率、死亡率越高。2007年，我国北京鸭、樱桃谷鸭也出现了新型鸭呼肠孤病毒感染，发病日龄多为7~22日龄，死亡率为10%~15%。

病鸭、带毒鸭是本病主要传染源，传染源排出的病毒污染空气、饲料、饮水、用具等，易感鸭群通过呼吸道或消化道感染发病。本病也能经卵垂直传播。

本病无明显季节性，但卫生条件差、饲养密度过大、天气骤变、应激因素等不良的饲养管理条件会诱发本病发生。

临床症状

番鸭呼肠孤病毒感染番鸭、半番鸭，主要表现精神沉郁，食欲下降，少食或不食，少饮。病鸭拥挤，羽毛蓬松且无光泽，鸣叫，眼分泌物增多，呼吸急促，排绿色、白色稀便，全身乏力，头颈无力下垂，脚软无力，喜蹲伏。病程一般为2~14天，死亡高峰为发病后5~7天，死前头多触地，部分病死鸭头向后扭转。耐过鸭多生长发育不良，成为僵鸭、残鸭。

新型鸭呼肠孤病毒感染北京鸭、樱桃谷鸭，主要表现精神沉郁，食欲下降，不愿走动，流泪，排稀便，死亡率达5%~15%。鸭日龄越小，发病率和病死率越高，有的死亡可持续到30日龄以上。成年鸭感染后无明显症状，有的会出现产蛋率下降且持续性波动。新型鸭呼肠孤病毒感染番鸭、半番鸭后表现的临床症状与番鸭呼肠孤病毒感染相似。

病鸭脚软无力、喜蹲伏

病理变化

番鸭、半番鸭感染番鸭呼肠孤病毒引起番鸭花肝病，主要表现肝脏、脾脏肿大，表面有针尖到米粒大小分布的灰白色坏死灶或出血点、出血斑；肾脏肿大、苍白，有出血点和坏死点；脑水肿，脑膜有点状或斑块状出血；法氏囊出血；有时胰腺水肿，有白色坏死点。

新型鸭呼肠孤病毒能感染各品种鸭，如番鸭、半番鸭、麻鸭、北京鸭、樱桃谷鸭等，主要特征为脾脏表面有大小不一坏死灶，偶尔可见少量出血点，病程后期脾脏坏死、变硬、萎缩；肝脏肿大，表面有黄白色坏死点，或大小不一出血斑；法氏囊、胸腺肿大、出血。有的病例出现关节炎，关节腔中有脓性渗出物。

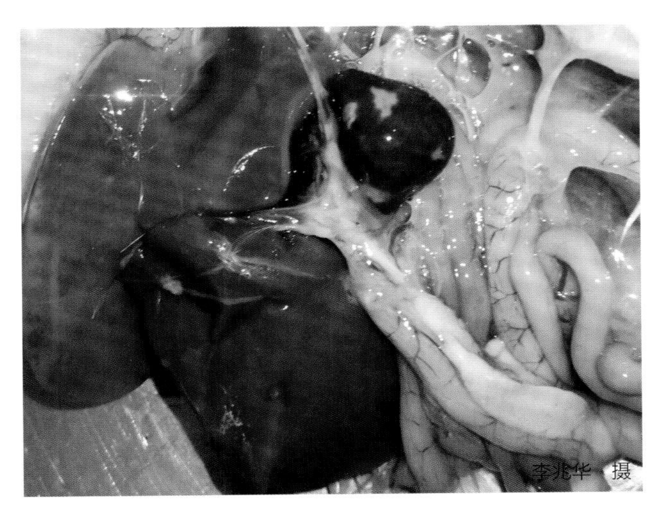

脾脏表面有坏死灶，肝脏表面有黄白色坏死点

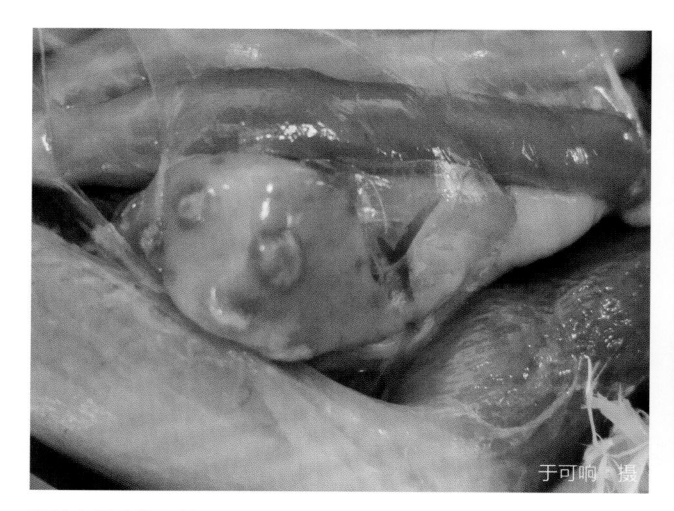

脾脏表面有坏死灶

脾脏肿大，表面有坏死灶和出血斑

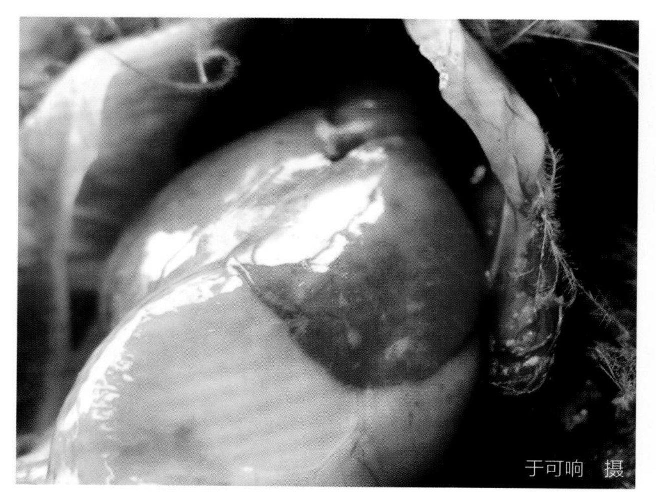

肝脏肿大，表面有黄白色坏死点

关节腔中有脓性渗出物

诊断要点

（1）番鸭呼肠孤病毒感染番鸭、半番鸭

1）临床特征：排绿色、白色稀便，头颈无力下垂，脚软，耐过鸭成为僵鸭、残鸭。

2）剖检病变：肝脏、脾脏肿大，表面有针尖到米粒大小分布的灰白色坏死灶或出血点。

（2）新型鸭呼肠孤病毒感染各品种鸭

1）临床特征：排稀便，鸭日龄越小，发病率和病死率越高，成年鸭感染后无明显症状。

2）剖检病变：脾脏表面有大小不一的坏死灶，偶尔可见少量出血点，病程后期脾脏坏死、变硬、萎缩；肝脏肿大，表面有黄白色坏死点，或大小不一出血斑。

防控措施

（1）采取严格的生物安全措施　加强饲养管理和卫生消毒工作，提高鸭群抵抗力，减少病原污染。平时可选择聚维酮碘或0.2%~0.3%的过氧乙酸带鸭消毒，一般每周2~3次，注意补充维生素和补液盐。

（2）疫苗接种　灭活铝胶疫苗、油乳剂灭活疫苗及弱毒疫苗免疫对鸭群具有较好的保护效果。种鸭开产前2周左右免疫油乳剂灭活疫苗，每只0.5毫升，3个月后加强免疫1次，每只1毫升。种鸭免疫的雏鸭后代可在10日龄左右接种油乳剂灭活疫苗或弱毒疫苗。若种鸭没有免疫，其后代可在5日龄左右接种油乳剂灭活疫苗或弱毒疫苗。

（3）治疗　发病鸭用高免血清或卵黄抗体进行治疗，同时配合使用抗生素以防止继发感染细菌。每天带鸭消毒1~2次，饮水中配合添加电解多维或维生素C，以提高鸭群抵抗力。也可采用抗病毒中药如黄芪多糖饮水，再配合广谱抗生素，连用4~5天。

八、鸭病毒性肝炎

简介

鸭病毒性肝炎是雏鸭的一种急性、高度致死性传染病，发病急、传播快、死亡率高，主要侵害4周龄以内的雏鸭，特别是1周龄左右的雏鸭。病鸭多表现神经症状，死后角弓反张，肝脏肿大、表面有出血斑点。

病原与流行特点

就目前所知，鸭病毒性肝炎主要由鸭甲型肝炎病毒和鸭星状病毒引起。

鸭甲型肝炎病毒可分为3种血清型，鸭甲型肝炎病毒1型、鸭甲型肝炎病毒2型和鸭甲型肝炎病毒3型。其中鸭甲型肝炎病毒1型和鸭甲型肝炎病毒3型是临床中常见血清型。鸭甲型肝炎病毒1型和鸭甲型肝炎病毒3型无明显的交叉中和或交叉保护作用，鸭甲型肝炎病毒1型和鸭甲型肝炎病毒2型也无明显的交叉反应。鸭甲型肝炎病毒1型病毒粒子呈球形或类球形，无囊膜结构。病毒能在鸡胚、鸭胚、鹅胚中增殖，不能凝集鸡、鸭、绵羊、马、豚鼠、小鼠、蛇、猪和兔的红细胞。鸭甲型肝炎病毒1型在正常环境条件下存活时间较长，可耐受乙醚、碳氟化合物、氯仿、pH为3的酸性环境、胰酶及30%的甲醇或硫酸铵的处理。大部分病毒56℃加热30分钟后失活。鸭甲型肝炎病毒1型在37℃条件下可存活21天。自然环境中，病毒可在未清洗的污染孵化器中至少存活10周，在阴凉处的湿粪中可存活37天以上；4℃条件下可存活2年以上，-20℃条件下存活时间长达9年。目前，对鸭甲型肝炎病毒2型和鸭甲型肝炎病毒3型的病原学研究较少。

鸭星状病毒存在3种血清型，鸭星状病毒1型、鸭星状病毒2型和鸭星状病毒3型，其中鸭星状病毒3型是近年来鸭群中新出现的一种血清型。鸭星状病毒分离株可以在鸭胚或鸭胚原代细胞中繁殖，病毒经鸭胚盲传几代后，可在鸡胚中增殖。鸭星状病毒能耐受氯仿、脂溶剂和 pH 为 3 的酸性环境，50℃作用 60 分钟不能杀灭病毒，对非离子型、离子型及两性离子去污剂有抗性。

本病主要发生于 4 周龄以内的雏鸭，其危害程度与雏鸭日龄密切相关。鸭甲型肝炎病毒对雏鸭危害严重，1 周龄以内的雏鸭发病率和死亡率可达 90% 以上，1~3 周龄雏鸭病死率为 50% 左右，4~5 周龄鸭发病率和死亡率都很低。成年鸭主要呈隐性感染，产蛋率不受影响，但可成为病毒携带者。鸭星状病毒对雏鸭的危害比鸭甲型肝炎病毒轻。病鸭和带毒鸭是主要传染源。病鸭通过粪便排毒，粪便中病毒存活时间较长，污染饲料、饮水、用具、垫料和环境后，易感鸭通过饮食或呼吸感染。带毒鸭在不同地区调运或污染运输工具和器具等，极易造成本病大范围和快速传播。易感鸭群与病鸭或带毒鸭直接接触能感染本病，鼠类也可机械性地传播本病。

本病一年四季均可发生，孵化季节多发。饲养管理不当、鸭舍阴暗潮湿、卫生条件差、饲养密度过大、缺乏维生素和矿物质等都能促进本病的发生。

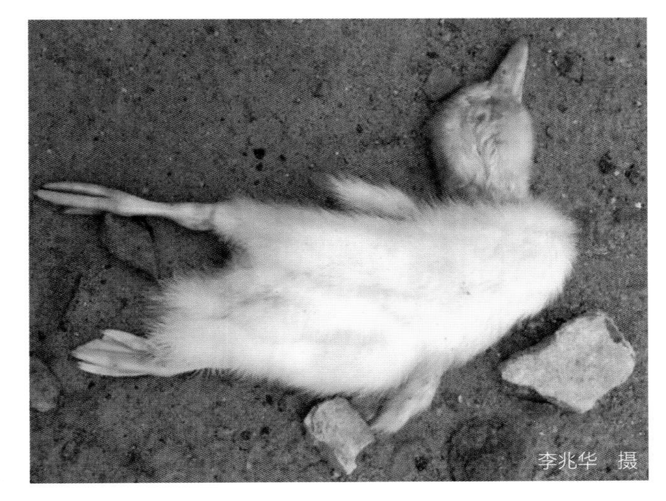

病死鸭呈角弓反张

病死鸭头颈向后背部扭曲、呈角弓反张

临床症状

本病潜伏期为 1~2 天，鸭群常突然发病。发病初期，主要表现为精神沉郁，食欲下降，缩颈，行动呆滞或跟不上群，不愿走动，眼半闭呈昏睡状。随着病程发展，病鸭出现神经症状，如运动失调，身体倒向一侧，翅膀下垂，两脚痉挛性反复踢蹬，全身性抽搐，有时在地上旋转，抽搐约十几分钟或几小时后便死亡。死前病鸭头颈向后背部扭曲，呈角弓反张，俗称“背脖病”，有的病鸭死后嘴和爪尖呈暗紫色。

病理变化

本病特征性病变在肝脏，肝脏肿大，质脆易碎，表面有大小不等的出血点或出血斑，有的出现刷状出血。10 日龄以内的雏鸭发病肝脏常呈土黄色，日龄较大的雏鸭发病肝脏常呈暗红色。胆囊肿胀，充满胆汁，胆汁呈褐色或浅茶色。脾脏有时肿大呈斑驳状。肾脏有时肿胀、充血。

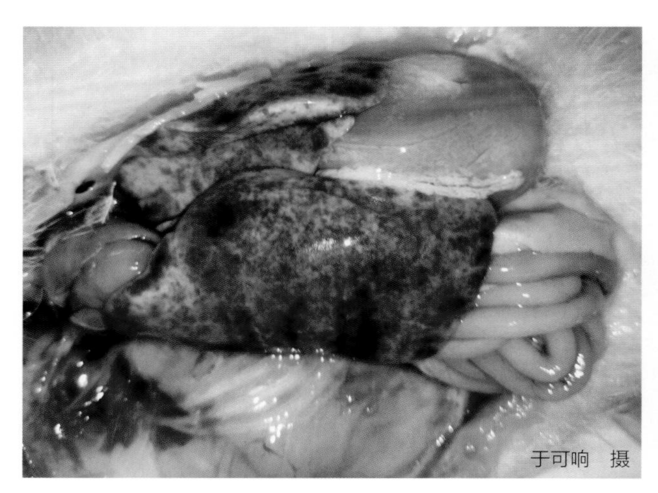

肝脏表面有大小不等的出血点和刷状出血（一）

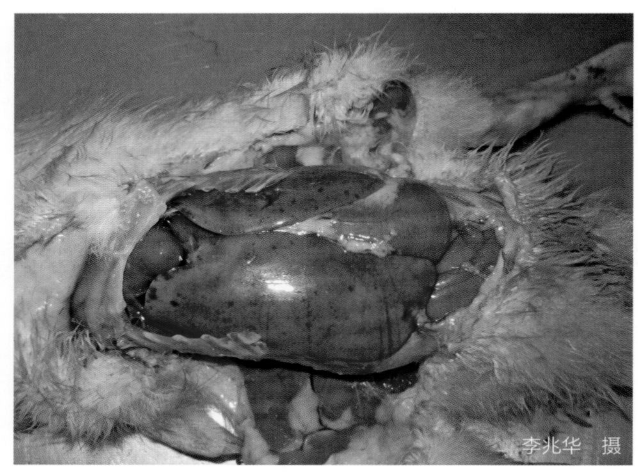

肝脏表面有大小不等的出血点

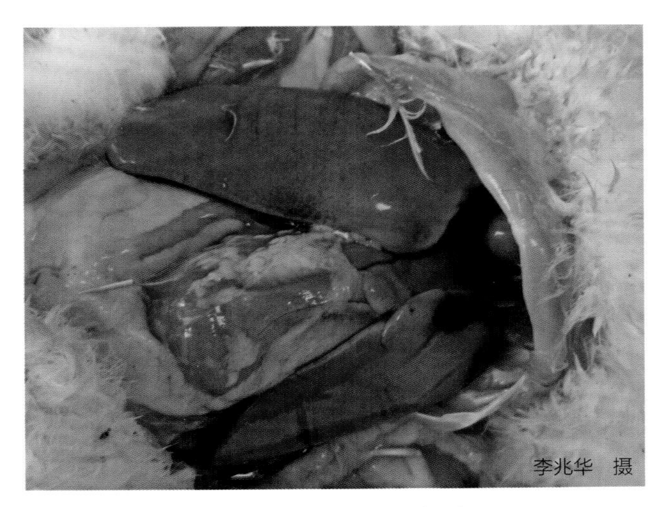

肝脏表面有大小不等的出血点和刷状出血（二）

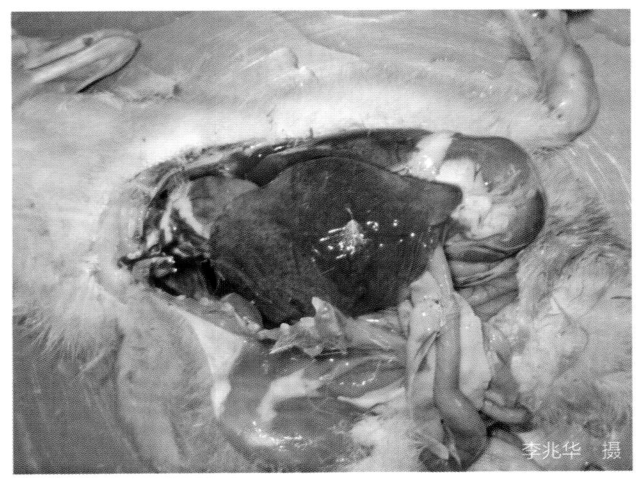

肝脏表面有大小不等的出血点和刷状出血（三）

诊断要点

（1）临床特征　主要侵害4周龄内的雏鸭，死前病鸭头颈向后背部扭曲，呈角弓反张，俗称“背脖病”。

（2）剖检病变　肝脏肿大、质脆，表面有大小不等的出血点或出血斑，有的出现刷状出血。

防控措施

（1）采取严格生物安全措施　加强饲养管理和卫生消毒工作，提高鸭群抵抗力。4周龄以下的雏鸭隔离饲养，定期消毒，以防早期感染。严格执行全进全出制度，消灭传播媒介，切断传播途径。

（2）免疫预防 种鸭可在开产前1个月接种弱毒疫苗1次，间隔2周后，再加强免疫1次。对于有母源抗体的雏鸭，建议10日龄以后接种弱毒疫苗。无母源抗体的雏鸭可在1~3日龄颈部皮下注射弱毒疫苗。

高免卵黄抗体也可用于预防本病，1~3日龄雏鸭颈部皮下接种高免卵黄抗体，每间隔7~10天注射1次，可保护雏鸭安全度过发病危险期。

目前，针对鸭星状病毒的疫苗还没有研制成功，临床上可采用特异性卵黄抗体来预防。

（3）治疗 高免卵黄抗体或康复鸭血清可用于本病的治疗。鸭群一旦发病，应立即对发病或受威胁地区雏鸭注射高免卵黄抗体或康复鸭血清。每只鸭肌内注射或皮下注射0.5~1毫升高免卵黄抗体或康复鸭血清，效果较好，同时饮水中添加0.01%的恩诺沙星和电解多维，连用3~5天。

九、鸭腺病毒感染

目前，我国养鸭生产中腺病毒感染的主要类型包括鸭产蛋下降综合征和鸭心包积液－肝炎综合征。

1. 鸭产蛋下降综合征

鸭产蛋下降综合征由鸭腺病毒A即产蛋下降综合征病毒引起，以产蛋率下降和产蛋质量下降为特征。

病原与流行特点

产蛋下降综合征病毒无囊膜结构，基因组为双链 DNA，在鸭胚中增殖效果好，可致死鸭胚，在鸭胚成纤维细胞、鸭肾细胞、鸡肾细胞、鸭胚肝细胞上生长良好。产蛋下降综合征病毒可凝集鸡、鸭、鹅、鸽子、鹌鹑、火鸡等禽类红细胞，可用血凝－血凝抑制试验监测鸭群抗体水平。产蛋下降综合征病毒对外界因素有较强的抵抗力，对乙醚、氯仿不敏感；对热有一定的抵抗力，56℃作用 3 小时、60℃作用 30 分钟、70℃作用 20 分钟可被杀死；能在 pH 为 3~10 的环境中存活；0.3% 的甲醛作用 24 小时、0.1% 的甲醛作用 48 小时可被杀死。

鸭、野生水禽、鹅是产蛋下降综合征病毒的天然宿主。产蛋下降综合征病毒对各品种、各日龄鸭均易感，鸭感染后在体内产生抗体，能长期带毒、排毒，带毒率达 80% 以上。

本病能垂直传播和水平传播，病鸭输卵管、泄殖腔、粪便中均能分离到病毒，水禽、野鸟也能促进本病传播。

临床症状

多数鸭感染后症状轻微，常在产蛋达到高峰时，产蛋率急剧下降，从 85%~90% 下降到 50%~60%，产薄壳蛋、软壳蛋、无壳蛋、褪色蛋、畸形蛋、小蛋等，有的蛋清稀薄呈水样。

病理变化

卵巢、输卵管萎缩变小，卵泡发育不正常，输卵管黏膜水肿。

诊断要点

（1）临床特征　常在产蛋达到高峰时，产蛋率急剧下降，产蛋品质下降。

（2）**剖检病变** 卵巢、输卵管萎缩变小，卵泡发育不正常。

防控措施

（1）**加强饲养管理和卫生消毒工作** 供给鸭群配方稳定的饲料，给予充足清洁饮水，注意补充电解多维。加强检疫，及时淘汰阳性鸭。鸭舍及外周环境严格消毒，污物做好无害化处理。

（2）**做好疫苗接种工作** 种鸭、蛋鸭在开产前 2~3 周接种产蛋下降综合征病毒油乳剂灭活疫苗，每只通过颈背部皮下注射或肌内注射 1~1.5 毫升，种鸭在 35 周龄再加强免疫 1 次，可获得良好的免疫效果。

（3）**治疗** 一旦发病，立即采取隔离、消毒和紧急接种等措施。用油乳剂灭活疫苗进行紧急接种，饲料中添加维生素、鱼肝油等，利于鸭群产蛋率的恢复。

2. 鸭心包积液－肝炎综合征

简介

鸭心包积液－肝炎综合征是由禽腺病毒引起的一种鸭病毒性传染病，以心包积液和肝炎为主要特征。

病原与流行特点

禽腺病毒已经鉴定了 A、B、C、D、E 共 5 个禽腺病毒种，包括 12 个血清型，引起心包积液－肝炎综合征的病原主要为禽腺病毒 C 中的血清 4 型，血清 8 型、10 型、11 型也能引起本病。腺病毒为双链 DNA 分子。

禽腺病毒血清 4 型能在鸡胚、鸭胚、鸡肾细胞、鸡胚肾细胞、鸡胚肝细胞、鸡胚肺细胞和成纤维细胞中增殖，在鸡肾细胞上生长可形成蚀斑。禽腺病毒血清4型不能凝集禽类、猪、牛的红细胞，用鸡胚肝原代细胞或鸡胚肾原代细胞分离的病毒可凝集大鼠红细胞。病毒对外界环境抵抗力强，对乙醚、氯仿、蛋白酶等有一定的抵抗力，对碘制剂、次氯酸钠和戊二醛敏感；可耐受60℃加热30分钟、50℃加热1小时，室温条件下至少可存活6个月。60℃加热1小时、80℃加热10分钟、100℃加热5分钟可灭活病毒。病毒对化学药物抵抗力不强，0.3%的甲醛作用24小时、0.1%的甲醛作用48小时可将病毒完全灭活。

3~5周龄肉鸡易感性最强，杂交鸡、麻鸡、种鸡、蛋鸡、肉鸭等也可感染发病。发病鸭群多在3周龄开始死亡，4~5周龄达死亡高峰，病程为8~15天，死亡率为20%~75%，最高可达80%。病鸭、带毒鸭是主要传染源，病毒可通过种蛋、鸭胚垂直传播，也可通过粪便、飞沫水平传播，常通过被污染的蛋、饲料、工具等传播。

本病一年四季均可发生，夏、秋高温季节多发。

临床症状

病鸭表现精神沉郁、瘫痪，排黄绿色稀便，呼吸困难；少数双腿分叉，头颈震颤，突然死亡。死亡鸭喙呈紫红色或紫黑色。

病理变化

本病特征性病变主要表现为肝脏肿大、呈浅黄色，有的肝脏表面有大小不一的出血斑点；心包腔充满大量浅黄色液体，最多可达20毫升；气管出血，肺水肿、出血、呈紫黑色。有的病例肾脏肿大、呈浅黄色，肠道出血。

李兆华　摄

病鸭心包腔充满浅黄色液体

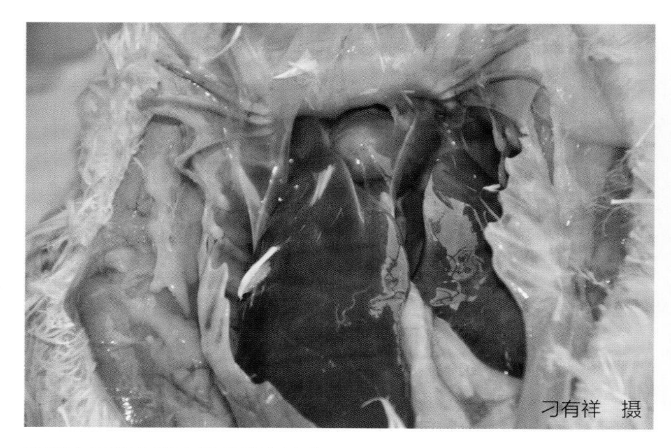

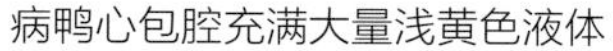
病鸭心包腔充满大量浅黄色液体

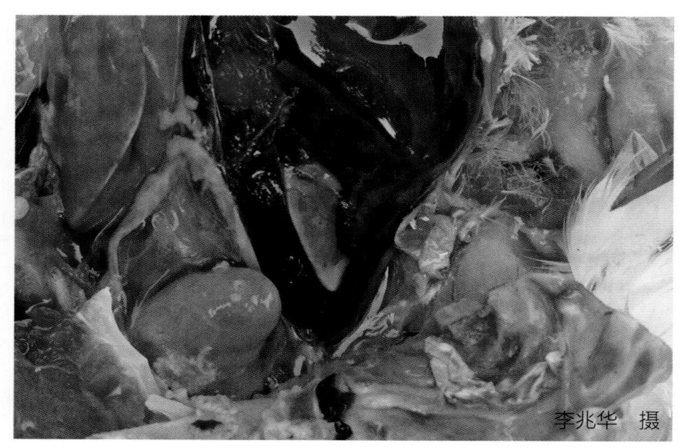

心包积液

诊断要点

（1）临床特征 症状不明显，排黄绿色稀便，呼吸困难，少数双腿分叉，死亡鸭喙呈紫红色或紫黑色。

（2）剖检病变 肝脏肿大、呈浅黄色，有的肝脏表面有大小不一的出血斑点，心包腔中充满大量浅黄色液体。

防控措施

（1）加强饲养管理和卫生消毒工作，提高鸭群抵抗力 供给鸭群平衡的配合饲料，注意补充微量元素、B族维生素、维生素C、维生素K及鱼肝油等，提高鸭群免疫力。及时清除粪便并做无害化处理，引进种鸭和种蛋时及时进行病原检测和净化。

（2）做好疫苗接种工作　种鸭开产前 12~14 周和 18~20 周接种腺病毒多价灭活疫苗，鸭群能获得有效的免疫保护力。

（3）治疗　鸭群一旦发病，及时紧急接种卵黄抗体，同时在饮水中添加 2%~3% 的葡萄糖或 0.01% 的维生素 C，保护肝脏。饲料中可适当添加抗生素，以减少继发感染，但要避免使用对肝脏有损伤的药物。

第二章
细菌性传染病

一、鸭大肠杆菌病

简介

鸭大肠杆菌病是由禽致病性大肠杆菌引起的鸭的一种局部或全身性感染疾病，主要包括鸭大肠杆菌性败血症、脐炎、输卵管炎、腹水症、鼻窦炎、卵黄性腹膜炎等多种病型。随着养鸭业集约化和规模化发展，禽致病性大肠杆菌对养鸭业造成的危害和经济损失日益严重。

病原与流行特点

病原是埃希氏大肠杆菌，为革兰阴性、染色均一、不形成芽孢、两端钝圆的杆菌，多数细菌周身长有鞭毛、能运动，多数无可见荚膜，为兼性厌氧菌。大肠杆菌抗原成分复杂，已确认有 180 个菌体抗原（O），60 个鞭毛抗原（H），80 个荚膜抗原（K）。O 抗原是血清型划分的主要依据之一，国内公布的鸭源大肠杆菌血清型种类较多，如 O76、O78、O92、O93、O142、O149 等，其中 O78 为鸭源致病性大肠杆菌主要血清型。大肠杆菌无特殊抵抗力，对理化因素敏感。60℃作用 30 分钟或 70℃作用 2 分钟便可灭活大多数菌株。大肠杆菌在低温条件下可长期存活。pH 小于 5 或大于 9 时，可抑制大多数菌株繁殖。不同菌株对消毒剂抵抗力不同。

各日龄鸭均可感染，雏鸭和胚胎更易感且发病严重。病鸭和带菌鸭是主要传染源。大肠杆菌可存在于垫料和粪便中，鸭场内的工具、饲料、饮水、垫料、空气、粉尘、鼠类、工作人员等均能成为传播媒介。本病最主要的传播途径是污染的空气、尘埃经呼吸道感染，当呼吸道黏膜受损后更容易发生。大肠杆菌经消化道、伤口、生殖道、种蛋污染等途径也能造成感染和传播。种蛋污染可造成孵化期胚胎死亡和雏鸭早期感染死亡。

本病一年四季均可发生，冬、春季寒冷和气温多变季节多发。饲养管理不良，禽舍潮湿、阴暗、通风不良，鸭群饲养密度大，环境卫生差等多种不良因素，可降低鸭抵抗力，诱发或促进本病发生。一些病毒性传染病如禽流感、坦布苏病毒感染、呼肠孤病毒病等常继发或并发大肠杆菌病，造成的危害更大。

临床症状与病理变化

根据鸭大肠杆菌病的临床表现，可分为以下几种类型。

（1）败血症型　各日龄鸭均易感。发病后，病鸭表现精神沉郁，蹲伏，离群呆立，食欲减退，两翅下垂，被毛松乱，排出灰绿色或黄白色稀便，咳嗽、呼吸困难。

剖检变化主要是浆膜渗出性炎症，心包膜、心外膜表面有黄白色纤维素性渗出物，严重者心外膜与心包膜粘连。肝脏肿胀、色暗，呈青铜色或铜绿色，表面附有黄白色或灰白色纤维素性渗出物，形成包膜。气囊混浊、增厚、不透明，表面附有黄白色纤维素性渗出物，呈松软湿润的颗粒状和大小不同的凝乳状。肺出血、瘀血，表面有黄白色纤维素性渗出物。脾脏肿大、色深、呈紫黑色斑纹状，严重者表面有黄白色纤维素性渗出物。剖开腹腔常有一股异味，腹腔中有黄白色纤维素性或干酪样物质。从任何脏器内都可分离到大肠杆菌。

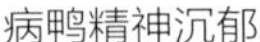
病鸭精神沉郁

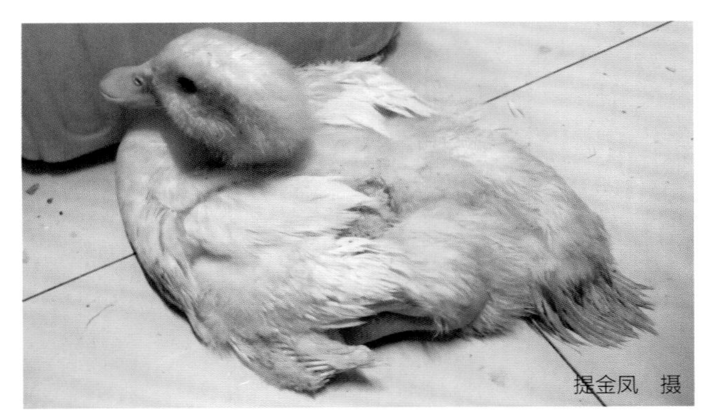

病鸭精神沉郁、蹲伏

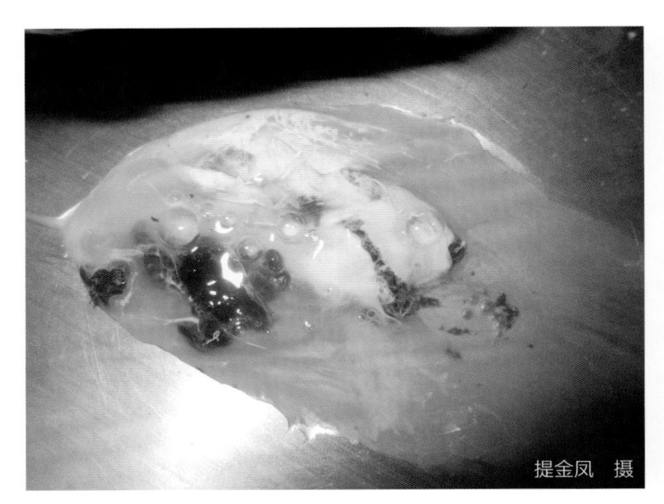

病鸭排灰绿色或黄白色稀便

心脏表面有黄白色纤维素性渗出物，形成包膜

心脏、肝脏表面有灰白色纤维素性渗出物

心脏表面有黄白色纤维素性渗出物

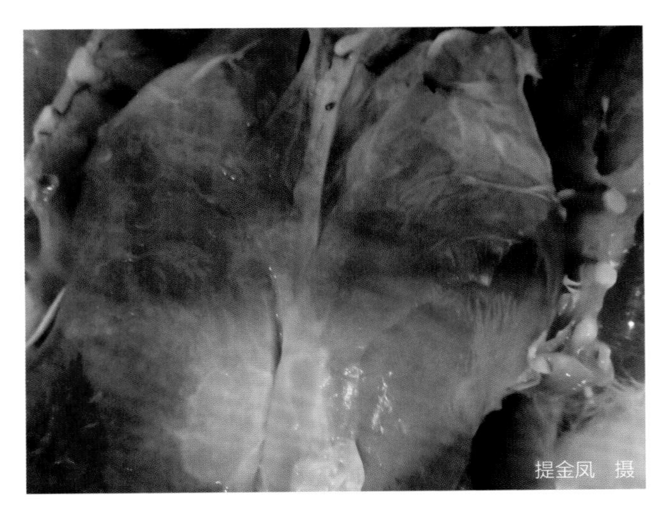

肝脏表面有黄白色纤维素性渗出物，形成包膜

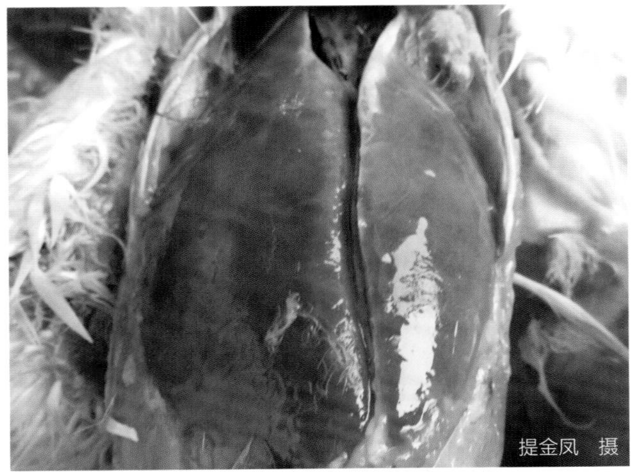

肝脏表面有灰白色纤维素性渗出物，形成包膜

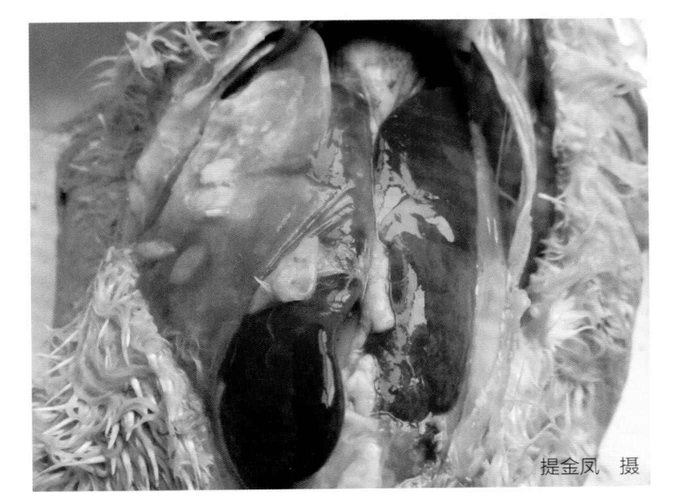

肝脏表面有黄白色纤维素性渗出物

肝脏表面有黄白色凝乳样纤维素性渗出物

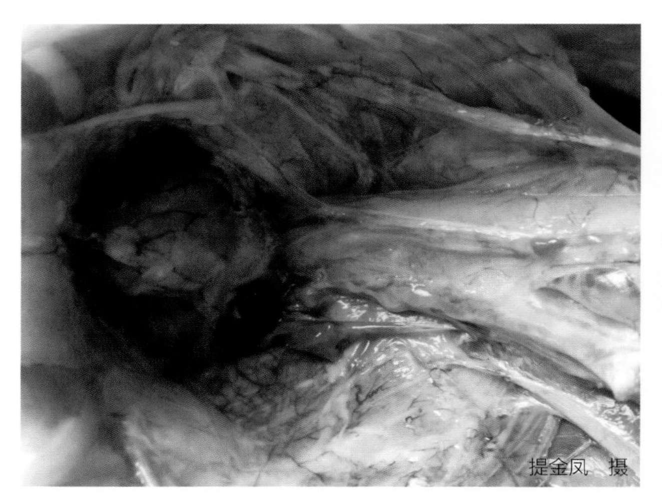

气囊表面有黄白色纤维素性渗出物

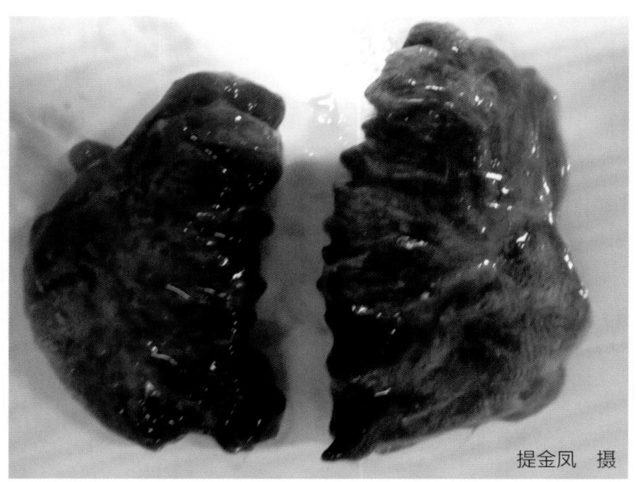

肺出血，表面有黄白色纤维素性渗出物

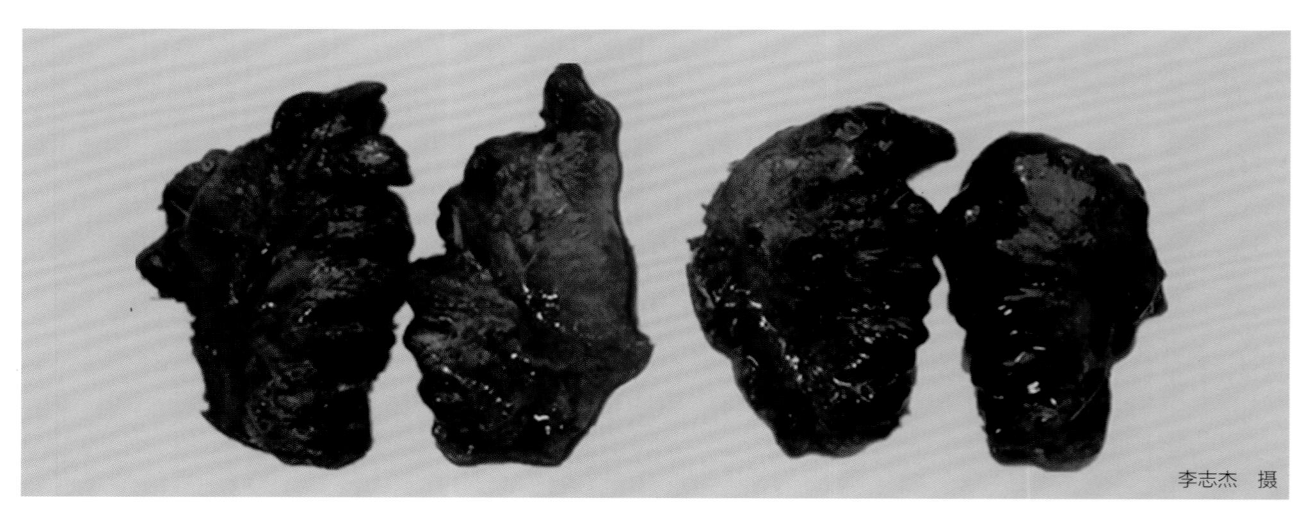

肺出血、瘀血

脾脏肿大、呈紫黑色，表面有黄白色纤维素性渗出物

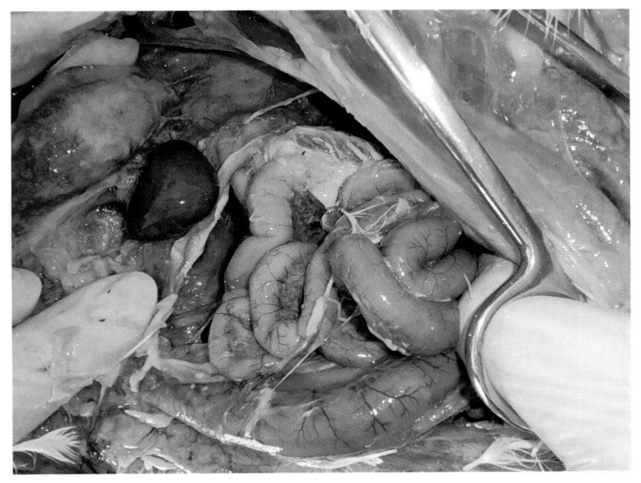
腹腔有黄白色纤维素性渗出物

（2）脐炎型　多发生于胚胎期或出壳后数天的雏鸭。胚胎期感染大肠杆菌，会造成孵化过程中死胚增加或出壳后弱雏鸭增多。病鸭精神沉郁，行动迟缓和呆滞，腹泻，泄殖腔周围羽毛被污染；腹部膨大，脐孔周围红肿，脐孔有分泌物、闭合不全，卵黄吸收不良。

脐孔有分泌物、闭合不全，卵黄吸收不良

卵黄囊出血、卵黄吸收不良

脐孔闭合不全

（3）输卵管炎型 主要发生于成年母鸭，表现为精神沉郁、喜卧、消瘦、不愿走动，泄殖腔周围常被粪便污染，排出的粪便中常混有蛋清、凝固的蛋白质和卵黄碎块。病鸭产蛋率下降，产软壳蛋、薄壳蛋、粗壳蛋、无壳蛋、小蛋等。

剖检病死鸭，可见输卵管增厚，管内形成阻塞团块；慢性输卵管炎病变为输卵管显著膨胀，管壁变薄，管内附有单个或大量干酪样渗出物，严重者形成栓塞；黏膜充血、增厚；渗出物呈叠层状，中心为带壳或膜的蛋，伴有恶臭；蛋破裂溢于腹腔内，腹水和干酪样物增多，腹水混浊，腹膜有灰白色渗出物。

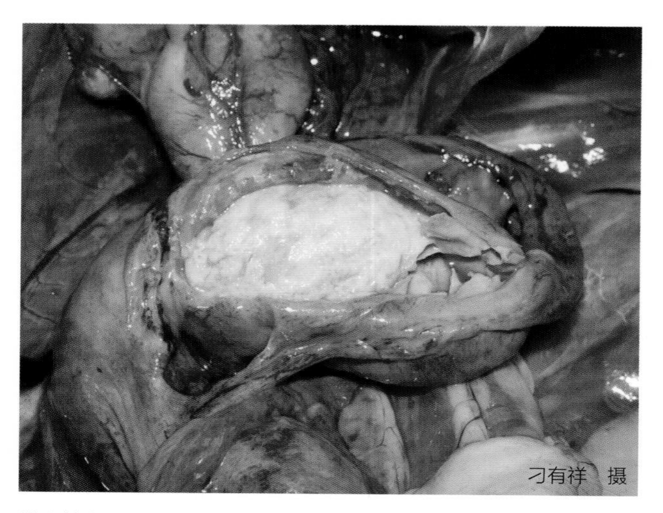

刁有祥 摄

输卵管膨胀，内有白色干酪样渗出物

输卵管管壁变薄，内有大量干酪样渗出物

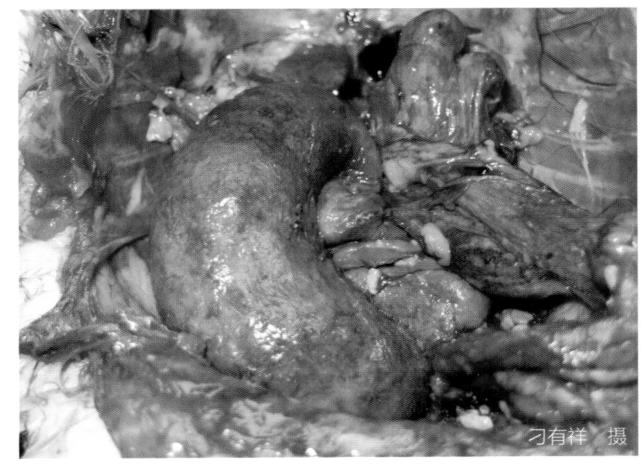

输卵管膨胀，内有干酪样栓塞

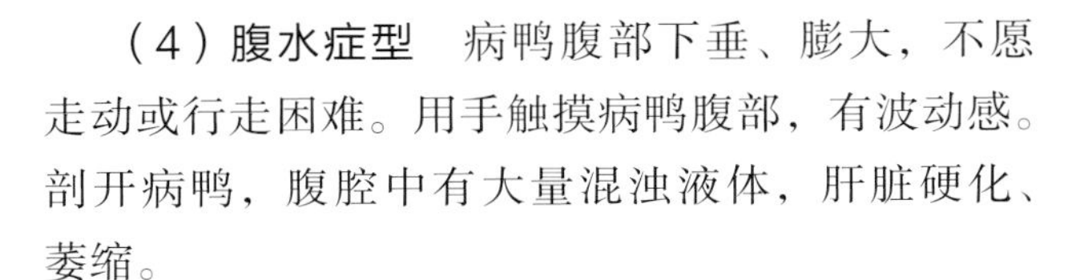

（4）腹水症型　病鸭腹部下垂、膨大，不愿走动或行走困难。用手触摸病鸭腹部，有波动感。剖开病鸭，腹腔中有大量混浊液体，肝脏硬化、萎缩。

（5）鼻窦炎型　肉鸭多发，主要表现为单侧性或双侧性鼻窦肿，病鸭伸颈、张口呼吸，鼻腔内有黄色干酪样物质。

（6）卵黄性腹膜炎型　病鸭往往突然死亡，其他症状不明显。剖检可见，有的卵泡变形，呈灰色、褐色或酱油色等不正常颜色；有的卵泡皱缩；有的卵泡出血、破裂，腹腔中充满破损的卵黄，如果时间较长，卵黄凝结成大小不等的碎块；

腹腔中有大量混浊液体

腹腔脏器表面覆盖一层浅黄色、凝固的纤维素性渗出物，输卵管黏膜发炎，管腔内有黄白色纤维素性渗出物。

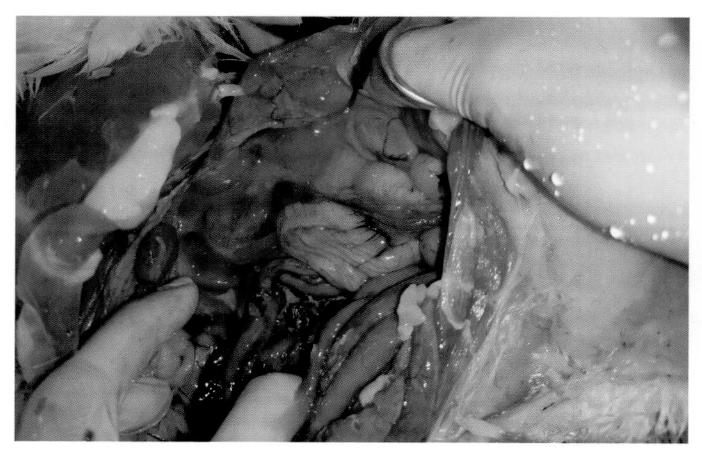

卵黄性腹膜炎

李兆华 摄

卵黄性腹膜炎，腹腔中有黄色干酪样物质

诊断要点

（1）败血症型（临床上最常见）

1）临床特征：排出灰绿色或黄白色稀便。

2）剖检病变：纤维素性心包炎、肝周炎、气囊炎、腹膜炎。

（2）脐炎型

1）临床特征：腹部膨大，脐孔周围红肿，脐孔闭合不全。

2）剖检病变：卵黄吸收不良。

（3）输卵管炎型

1）临床特征：排出的粪便中常混有蛋清、蛋白质和卵黄，产蛋率下降，产软壳蛋、薄壳蛋、粗壳蛋、无壳蛋、小蛋等。

2）剖检病变：输卵管膨胀，管壁变薄，管内附有干酪样渗出物。

（4）腹水症型

1）临床特征：腹部膨大；用手触摸病鸭腹部，有波动感。

2）剖检病变：腹腔中有大量混浊液体。

（5）鼻窦炎型

1）临床特征：单侧性或双侧性鼻窦肿。

2）剖检病变：鼻腔内有黄色干酪样物。

（6）卵黄性腹膜炎型

1）临床特征：病鸭往往突然死亡，其他症状不明显。

2）剖检病变：腹腔中充满破损的卵黄，腹腔脏器表面覆盖一层浅黄色纤维素性渗出物。

防控措施

（1）场址选择合理 养鸭场应建在地势高，水源充足，水质良好，排水方便，远离居民区和其他养殖场、屠宰场或畜产品加工厂的地方。

（2）加强饲养管理和卫生消毒工作，提高鸭群抵抗力 保持鸭群合适的饲养密度和鸭舍良好的通风换气，勤换、勤翻晒地面垫料，保持饲料、饮水卫生，及时清理鸭舍的粪便、污物，每隔2~3天对鸭舍及外周环境消毒一次，采用全进全出的饲养方式等。加强孵化厅、孵化用具和种蛋的卫生消毒，种蛋存放时间不超过1周。淘汰病种鸭，采精和输精过程注意消毒，无菌操作。

（3）疫苗接种 大肠杆菌血清型众多，因此应选择同血清型的鸭大肠杆菌灭活疫苗。种鸭、产蛋鸭可在开产前10~12周和14~16周各免疫一次。

（4）药物治疗 常用于治疗本病的药物有氟苯尼考、环丙沙星、头孢噻呋、强力霉素、安普霉素等，同时补充维生素和电解质等。黄连等单味中药、三黄汤等中药复方制剂等也可用于大肠杆菌病的防治。以上药物也可用于预防大肠杆菌病。

公共卫生意义

O157：H7 血清型大肠杆菌既能感染家禽，也能引起人的出血性肠炎。儿童和老人易感多发，只要及时采用抗生素治疗，加强对症疗法，一般不会危及生命安全。

二、鸭霍乱

简介

鸭霍乱又称为鸭巴氏杆菌病、鸭多杀性巴氏杆菌感染、鸭出血性败血症等，各日龄鸭均可感染，发病率、死亡率高，是危害养鸭业健康发展的一种重要传染病。本病在世界大多数国家和地区都有分布，呈散发性或流行性。我国一些饲养管理条件好的鸭场发生较少，但一些隔离消毒条件较差的中、小型鸭场和农村养鸭发生较多，危害严重。

病原与流行特点

病原为多杀性巴氏杆菌，为两端钝圆、中央微凸的革兰阴性菌，呈短杆状或球杆状，无鞭毛、不运动、无芽孢，是需氧或兼性厌氧菌。多杀性巴氏杆菌的荚膜抗原（K 抗原）分为 A、B、D、E、F 5

个型，菌体抗原（O 抗原）分为 16 个血清型（1~16 型）。根据 K 抗原与 O 抗原组合分型，该菌可划分为 15 种血清型。禽源多杀性巴氏杆菌流行菌株主要为 5：A、8：A、9：A，引起鸭霍乱的 O 血清型主要有 1、2、3、7、10 等。多杀性巴氏杆菌对各种理化因素抵抗力不强，极易被普通消毒剂、阳光、干燥、生物热等灭活。常用消毒剂有 3% 的苯酚、10% 的石灰乳、0.5%~1% 的氢氧化钠、1% 的漂白粉、3% 的福尔马林、2% 的来苏尔等。

多杀性巴氏杆菌宿主广泛，几乎所有禽类均易感，鸡、火鸡、鸭、鹅均能感染。各年龄鸭对多杀性巴氏杆菌都易感，死亡率常在 10%~30%，个别鸭场死亡率高达 50%，甚至更高。病禽、带菌禽是主要传染源。本病在不同家禽间可相互传染，能通过禽与禽之间直接接触传播，也可通过呼吸道、消化道、损伤的皮肤和黏膜感染。

本病无明显季节性，南方一年四季均有发生，北方高温、潮湿、多雨的夏、秋季节多发。饲养管理不当、禽舍阴暗潮湿、拥挤、气温骤变、转群、疫苗接种等应激因素可促进本病发生和流行。

临床症状

（1）急性型 病鸭精神萎靡，叫鸣停止，羽毛蓬乱，两翅下垂，食欲减退或不食，行动迟缓，不愿下水，常落在鸭群后面或离群呆立；出现打喷嚏、咳嗽、伸颈张口呼吸、呼吸困难等症状，口、鼻流出黏液，频频摇头，又称为摇头瘟。有的病鸭腹泻，开始排灰白色水样稀便，随后排黄绿色带黏液的稀便，有时粪便还混有血液。病鸭通常 1~3 天内死亡，耐过鸭或康复或转为慢性感染。

（2）慢性型 慢性型可由急性型转化来，也可由低毒力菌株感染引起。病鸭消瘦，有的出现关节炎，表现为一侧或两侧性关节肿大、发热，病鸭跛行、行走困难或瘫痪。产蛋鸭生产性能异常，产蛋率上升缓慢，维持在较低水平，鸭群死淘率增高。

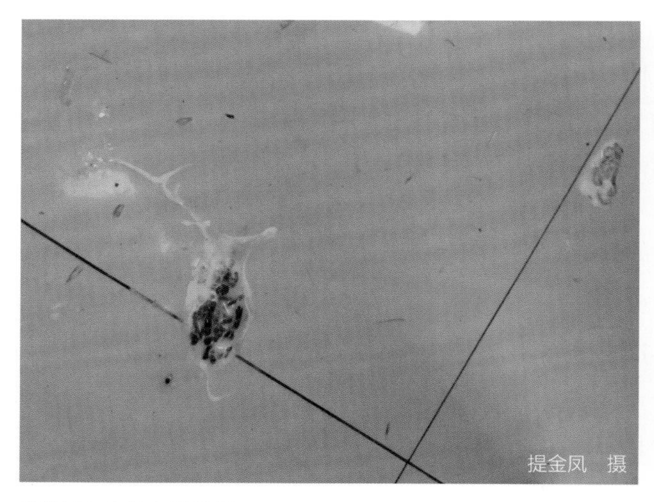

病鸭排灰白色水样稀便

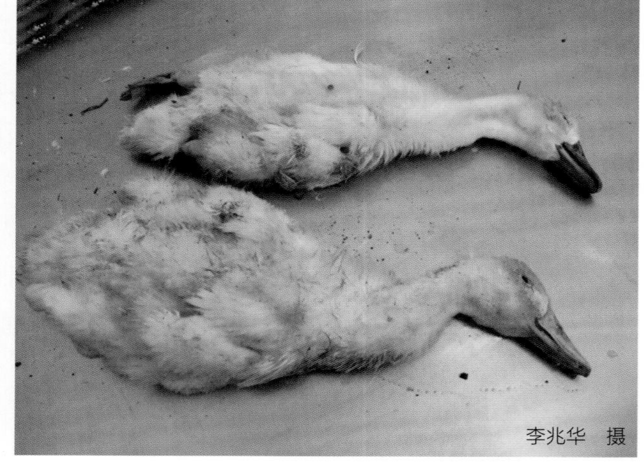

感染鸭霍乱的病死鸭

病理变化

（1）急性型 剖检可见病鸭多脏器浆膜出血。心包内有透明橙黄色积液，心包膜、心冠脂肪、心内膜、心外膜有大小不一的出血点。肺瘀血、水肿或出血，呈紫红色或紫黑色。鼻腔黏膜充血或出血。肝脏肿大，有弥漫性针尖大小或小米粒大小出血点和灰白色坏死点。脾脏肿大，呈斑驳状，呈紫红色或紫黑色。肠道出血，尤其十二指肠和空肠出血明显。产蛋鸭卵泡膜瘀血、出血。

（2）慢性型 表现为多发性关节炎，关节面粗糙，关节腔内有黄色干酪样物，关节囊增厚。病程稍长者掌部肿胀变硬如核桃大小，切开可见干酪样和脓性坏死。病鸭若出现眶下窦感染，则窦内形成囊状硬块，切开可见黄白色干酪样物质。

心冠脂肪、心外膜有大小不一的出血点

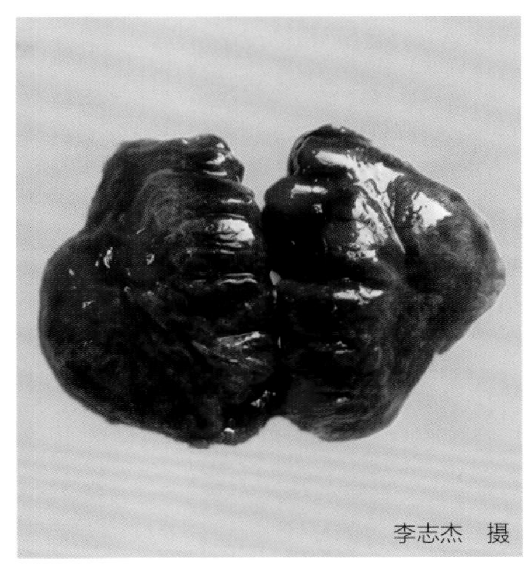

肺水肿、出血

肝脏肿大，表面有针尖大小或小米粒大小灰白色的坏死点

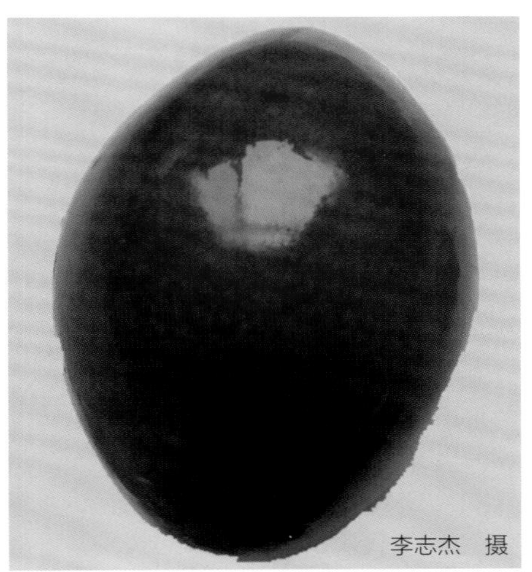

脾脏肿大，呈紫红色

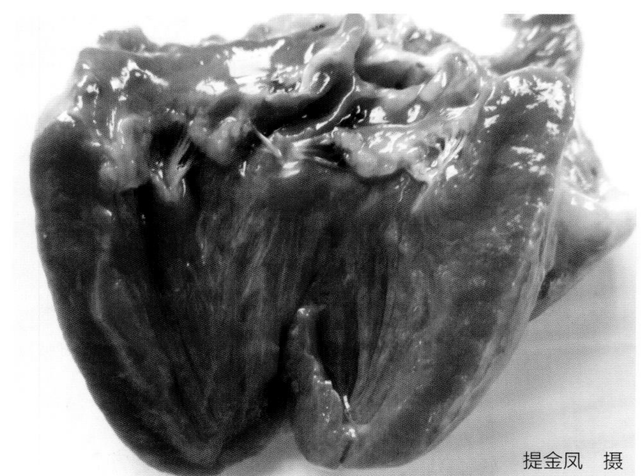

心内膜出血

肠道出血

卵泡膜瘀血、出血

卵泡膜出血

诊断要点

（1）临床特征 口和鼻有黏液，频频摇头，腹泻，有时粪便混有血液。

（2）剖检病变 多脏器浆膜出血，肝脏有针尖大小或小米粒大小出血点和灰白色坏死点。

防控措施

（1）采取严格的生物安全措施 定期对养殖环境和鸭舍消毒，饲养人员进出鸭舍要更换衣服、鞋帽，防止营养缺乏、饲养密度过高、鸭舍潮湿、寄生虫侵袭等不利因素的出现。实行全进全出的饲养管理模式，不从疫区引进种鸭或幼雏鸭，新引进鸭要隔离饲养半个月，严格检疫。防止其他动物进入鸭舍或接近鸭群。

（2）疫苗接种 目前临床上常用的禽霍乱疫苗有三类。第一类是弱毒疫苗，包括731弱毒疫苗、G190E40弱毒疫苗、B26-T1200弱毒疫苗等。G190E40弱毒疫苗用于3月龄以上的鸭，免疫期为3.5个月；B26-T1200弱毒疫苗可用于1月龄以上的鸭，免疫期为4个月；731弱毒疫苗免疫期为3.5个月。第二类是灭活疫苗，包括氢氧化铝胶佐剂疫苗、矿物油佐剂灭活疫苗、蜂胶佐剂灭活疫苗等。2~4月龄鸭肌内注射2毫升氢氧化铝胶佐剂疫苗，保护率在50%以上，免疫期为3个月；接种0.5~1毫升矿物油佐剂灭活疫苗，保护率在60%以上，免疫期为6个月；接种1毫升蜂胶佐剂灭活疫苗，保护率在75%以上，免疫期为6个月。第三类是亚单位疫苗。生产实践中，预防本病最理想的疫苗是禽霍乱自家灭活疫苗。

（3）药物预防 当邻近禽场发生禽霍乱，或有应激因素存在时，如气温骤变、更换饲料、转群等，可全鸭群给药预防。常用药物有强力霉素、恩诺沙星、环丙沙星、氟苯尼考等。

（4）治疗 轻症可以治疗，重症淘汰无害化处理，尚未发病者可用禽霍乱自家灭活疫苗紧急免疫或药物预防。药物可选择氟苯尼考、强力霉素、环丙沙星饮水，连用4~5天；头孢噻呋、青霉素、链霉素等可注射使用，连用3天。以黄柏、黄连、柴胡、金银花、雄黄、甘草等中药组成复方剂治疗本病，效果明显。

三、鸭疫里默氏菌感染

简介

鸭疫里默氏菌感染又称为鸭传染性浆膜炎，是鸭、鹅、火鸡及其他禽类的一种接触性传染病，主要侵害1~7周龄雏鸭，发病率、死亡率高，给鸭养殖业造成严重危害。本病呈世界性分布，凡是有养鸭的国家和地区均有发生。

病原与流行特点

鸭疫里默氏菌是革兰阴性、不形成芽孢、无运动性的杆菌。到目前为止，该菌已报道21个血清型，还有一些血清型尚未鉴定。我国商品鸭群中至少存在14个血清型，即1~14型。该菌抵抗力不强，55℃作用12~16小时，细菌全部失活。据报道，鸭疫里默氏菌在自来水和火鸡垫料中可分别存活13天和27天。

本病主要发生于鸭，各品种鸭均可感染。一般情况下，1~8周龄鸭均易感，尤其2~4周龄雏鸭更易感。除鸭外，鹅、火鸡等禽类也会感染发病。病鸭和带菌鸭是主要传染源，易感鸭通过呼吸道、皮肤伤口，尤其是脚部皮肤伤口感染发病，其他途径也可引起感染，但不同感染途径引发的死亡率差异较大。本病一年四季均可发生，冬、春季节发生较多。本病感染率有时可达90%以上，饲养管理条件不同，死亡率可从5%发展到75%不等。饲养密度低、环境干燥、通风条件好的鸭舍，发病率低。

临床症状

本病的潜伏期为 2~5 天，按病程长短不同可分为最急性型、急性型和慢性型 3 种类型。

（1）最急性型　往往看不到明显的临床症状，突然倒地死亡，病程很短，常常几分钟、几个小时，不会超过 1 天时间。

（2）急性型　常发生于 2~4 周龄的雏鸭，主要表现为倦怠、缩颈、不食或少食，眼、鼻有分泌物，眼睛周围羽毛常被打湿形成“湿眼圈”；腹泻，排黄白色、黄绿色或绿色稀便；腿软，两腿无力，站立不稳，不愿走动或行动跟不上群，运动失调。临死前，病鸭左右摇摆、转圈、头颈震颤、前仰后翻，有的两腿伸直、歪头、背脖，仰卧呈划水状或角弓反张姿势，不久抽搐而死。病程一般为 1~3 天，幸存者生长发育缓慢，成为僵鸭。

病鸭眼、鼻有分泌物

（3）慢性型　常发生于 4~7 周龄的鸭，病程较长，一般持续 1 周以上，多由急性型转化而来。主要表现为羽毛粗乱，进行性消瘦，生长缓慢，或呼吸困难。病鸭腿软，卧地不起。有的出现脑膜炎症状，表现斜颈、转圈或倒退等神经症状，但仍能采食并存活。有的病鸭发生关节炎，关节肿大，跛行。

病鸭眼睛有分泌物，形成“湿眼圈”

病鸭眼、鼻有分泌物，形成“湿眼圈”

病死鸭角弓反张、背脖

病鸭关节肿大

病理变化

（1）急性型　最明显的病变是浆膜面有纤维素性渗出物，以心脏、肝脏和气囊最为明显。心脏常与心包粘连，心外膜、心包膜有大量灰白色纤维素性或干酪样渗出物，形成纤维素性心包炎。肝脏肿大，表面覆盖一层灰白色或黄白色纤维素性渗出物，形成纤维素性肝周炎。气囊混浊、增厚，有干酪样渗出物附着，形成纤维素性气囊炎。脾脏肿大，表面有灰白色坏死点，呈斑驳状或大理石样。鼻窦有黏液样脓性渗出物。少数日龄较大的鸭会出现输卵管感染，表现为输卵管膨大，管内有干酪样渗出物。若中枢神经系统感染，会出现脑膜充血，有浆液性或纤维素性渗出物。

（2）慢性型　慢性感染常见于皮肤，有时也出现在关节。皮肤病变主要是背下部或泄殖腔周围出现坏死性皮炎，局部颜色变深或发黄，皮肤和脂肪层之间有黄色渗出物，切面呈海绵状，像蜂窝织炎的变化。关节炎主要发生在跗关节，内部关节液增多，呈乳白色黏稠状。

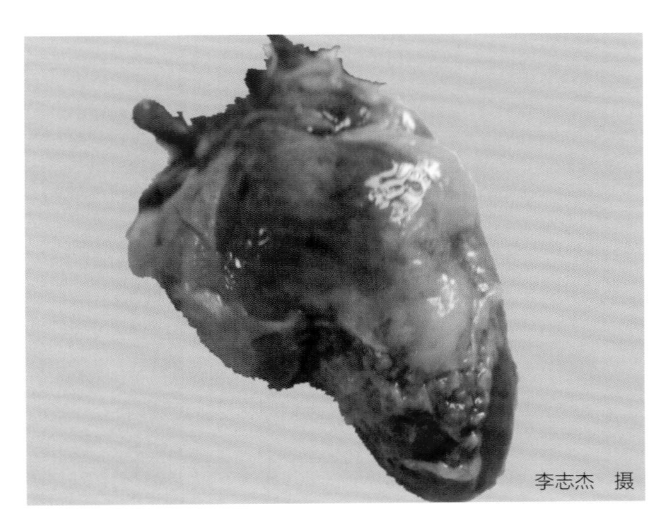

李志杰　摄

心外膜、心包膜有灰白色纤维素性渗出物

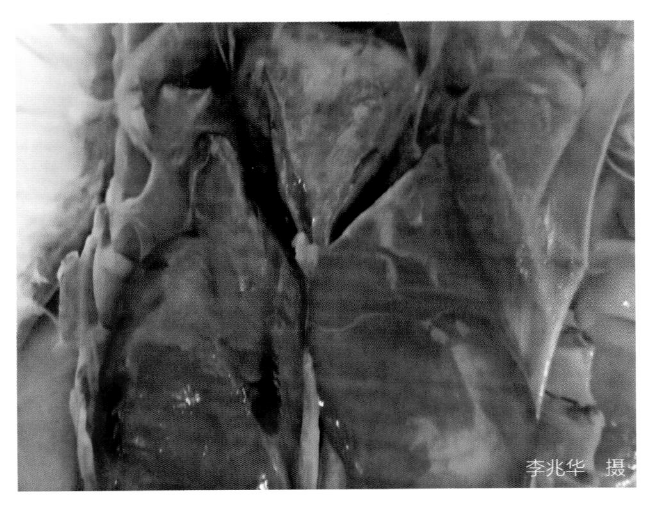

李兆华　摄

心脏表面有灰白色纤维素性渗出物

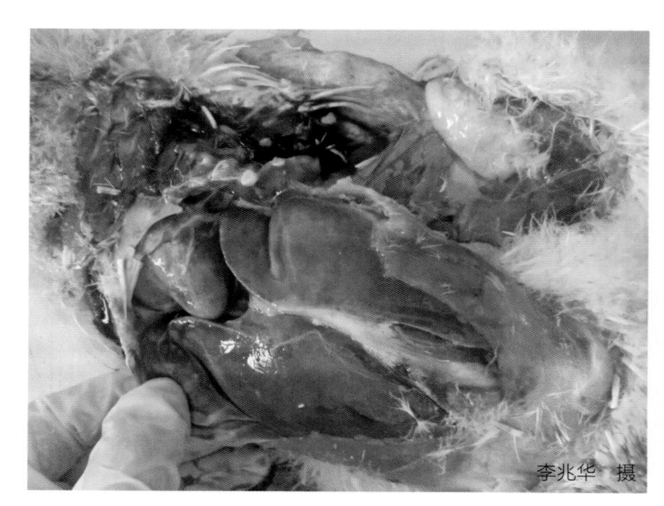

心脏、肝脏表面有灰白色纤维素性渗出物

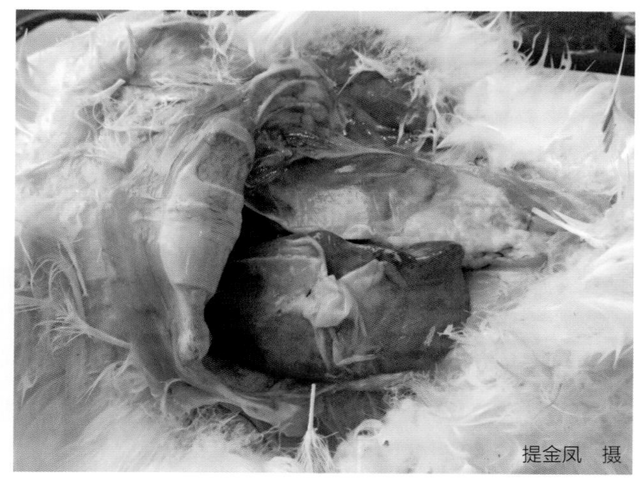

肝脏表面有黄白色纤维素性渗出物（一）

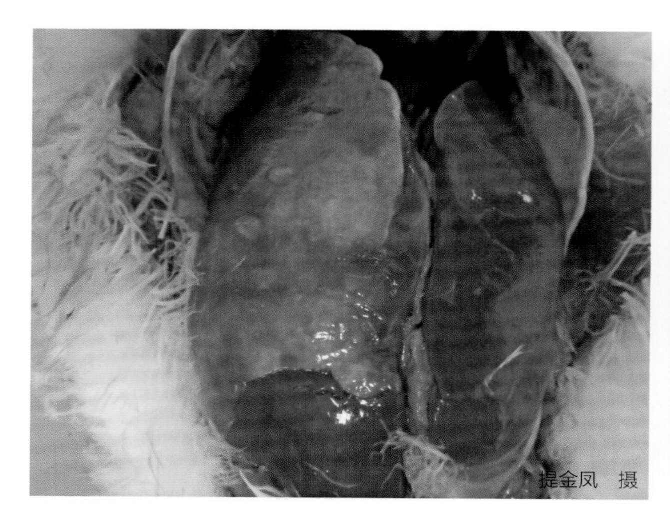

肝脏表面有黄白色纤维素性渗出物（二）

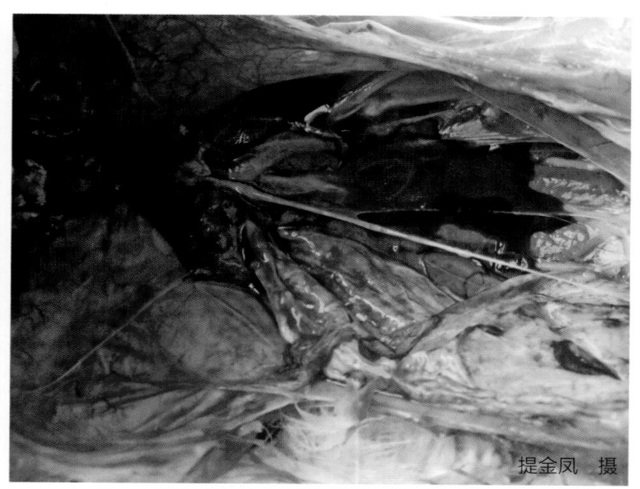

气囊增厚，有黄白色纤维素性渗出物

脾脏肿大，呈斑驳状或大理石样

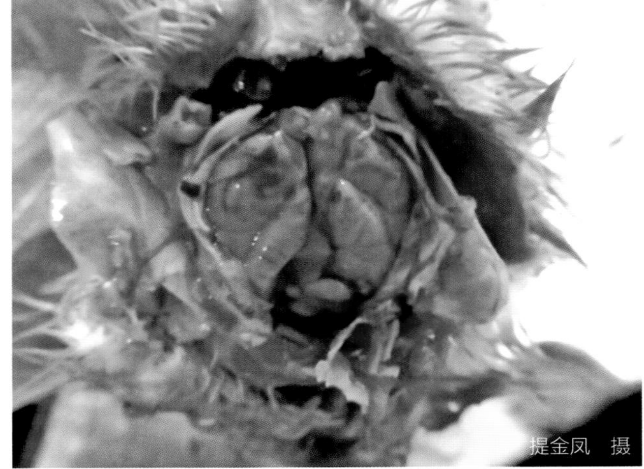

脑膜充血

诊断要点

（1）临床特征 排绿色稀便，表现抽搐、头颈歪斜、运动障碍等神经症状。

（2）剖检病变 纤维素性心包炎、肝周炎和气囊炎。

防控措施

（1）采取严格的生物安全措施，搞好饲养管理和卫生消毒工作，提高鸭群的抵抗力 鸭舍地面定期冲洗和消毒，保持地面干燥，减少污染。保持舍内通风，避免氨气等有害气体对呼吸道黏膜的刺激和伤害，保持舍内适宜湿度。适时调整饲养密度，避免过度拥挤。保证饲料安全，饲喂营养均衡的全价饲料。实行全进全出制度。

（2）疫苗接种 国内外已研制出菌素疫苗、铝胶和蜂胶佐剂疫苗、油乳佐剂疫苗等多种形式的灭活疫苗。油乳佐剂疫苗可产生较好和较长时间的保护作用，免疫 1 次，保护作用可持续至上市日龄，但接种部位可能会出现较强的炎性反应，形成炎性结节。灭活菌素疫苗能有效预防本病和降低死亡率。鸭疫里默氏菌疫苗有血清型特异性，选择主要血清型菌株制备多价疫苗，才能提供有效保护。配合采取消毒措施和敏感药物，可弥补疫苗不足。种鸭接种灭活疫苗和活疫苗能产生母源抗体，使子代获得保护，母源抗体时间维持 2~3 周。有母源抗体的雏鸭接种活疫苗或灭活疫苗时均可产生良好的主动免疫。

蛋鸭 10 日龄皮下注射灭活疫苗，每只 0.2~0.5 毫升，两周后 2 免，疫苗免疫剂量不变。种鸭产蛋前再免疫 1 次，5~6 个月后再免疫 1 次，以提高雏鸭母源抗体水平。

（3）药物防治 鸭疫里默氏菌对多种药物敏感，临床上选择合适药物能有效预防和治疗本病。喹诺酮类药物、强力霉素、氟苯尼考、安普霉素、壮观霉素等对本病治疗效果明显，可根据药敏试验选择最佳治疗方案。

四、鸭葡萄球菌病

简介

鸭葡萄球菌病是由致病性金黄色葡萄球菌引起的鸭的一种急性型或慢性型传染病，饲养管理条件差的鸭场多发。临床上病型较多，如急性败血症、关节炎、脐炎、脚垫肿等，给鸭养殖业造成严重经济损失。世界多数养鸭国家和地区均有发生。

病原与流行特点

金黄色葡萄球菌为圆形或卵圆形，无鞭毛，无荚膜，不形成芽孢，革兰染色阳性。禽源金黄色葡萄球菌可分为Ⅰ群（29、52、52A、79、80）、Ⅱ群（3A、3B、3C、55、71）、Ⅲ群（6、7、42E、47、53、54、75、77、83A）、Ⅳ群（42D）。该菌能产生溶血素、凝固酶、肠毒素、透明质酸酶等多种毒素和酶，与菌株致病性关系密切。该菌对外界环境、理化因素抵抗力极强。

金黄色葡萄球菌在环境中广泛分布，土壤、空气、尘埃、污水、饲料、地面、粪便、分泌物中都有存在，鸭的皮肤、羽毛、黏膜、眼睑、肠道等也有分布。10~60日龄鸭易感性强，40日龄以上发病较多。病鸭和带菌鸭是本病重要传染源。伤口（皮肤和黏膜损伤）是本病主要感染方式，如鸭痘、啄伤、网刺、刮伤、扭伤、吸血昆虫叮咬等，使皮肤或黏膜受损，易造成本病发生。若种蛋和孵化器污染严重或消毒不严，也会引起雏鸭脐带感染而发病。

本病还能通过直接接触传播和空气传播。饲养管理不当，如鸭群密度过大、拥挤，通风不良、有害气体浓度过高，饲料单一、维生素和矿物质缺乏等，可促进本病发生，增高死亡率。

临床症状

根据金黄色葡萄球菌侵害部位不同，临床上可分为多种病型。

（1）急性败血症型　病鸭精神沉郁，食欲减退，翅膀下垂，羽毛松乱，缩颈，眼睛半开半闭，嗜睡，腹泻，排灰白色或黄绿色稀便。特征性症状为胸腹部、大腿内侧皮下浮肿，呈紫黑色，有血样渗出液；局部羽毛稀少、脱落，严重者皮肤自行破溃，流出茶色或紫红色液体，污染周围羽毛。

（2）关节炎型　青年鸭和成年鸭多发，主要侵害胫跖关节、跗关节或趾关节等。病鸭关节肿大，行动困难，站立时频频抬脚，驱赶时运动障碍、跛行或跳跃式步行，喜伏卧。肿胀关节呈紫红色或紫黑色，有时皮肤自行破溃，流出血样和脓性分泌物，有的可见干酪样黄白色坏死物。病鸭逐渐消瘦，最后衰竭或并发其他疾病而死。

趾关节肿胀（一）

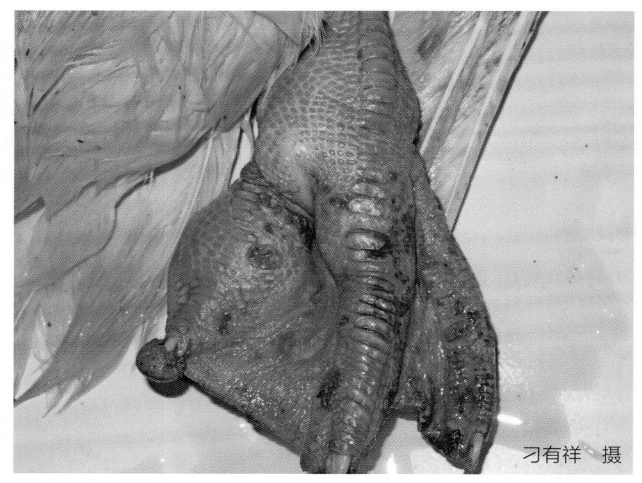

趾关节肿胀（二）

（3）脐炎型 多发生于出壳后不久的雏鸭，1~3 日龄多发。病雏鸭眼半闭、无神，腹部膨胀，脐孔发炎肿胀，局部质硬呈黄红色或紫黑色，有时脐部有暗红色或黄色液体流出，病程稍长时变成干涸的坏死物。

（4）趾瘤病型（脚垫肿） 多发生于成年鸭或重型种鸭。由于体重过大，鸭脚部皮肤出现皲裂，容易感染金黄色葡萄球菌，感染后出现趾部或脚垫发炎、增生，引起趾部及其周围肿胀、化脓、变坚硬。

脚垫肿胀、增生（一）

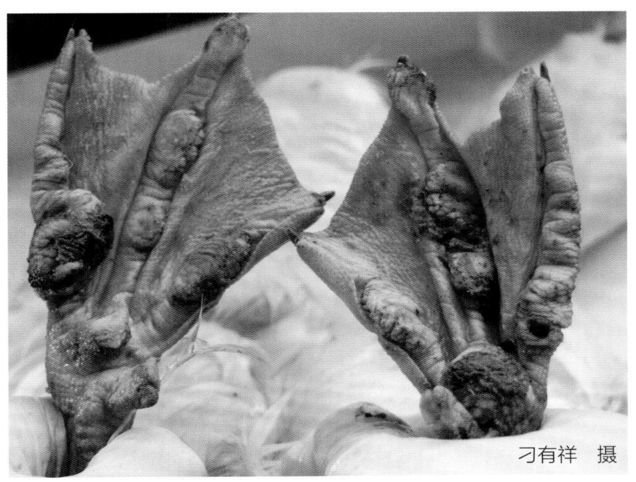

脚垫肿胀、增生（二）

脚垫肿胀、增生（三）

病理变化

（1）急性败血症型　病死鸭胸、腹部皮肤浮肿，呈紫黑色。剖开皮肤，皮下充血、溶血，皮下组织呈弥漫性紫红色或黑红色，有大量胶冻样粉红色或黄红色水肿液。胸、腹、腿内侧肌肉有点状或条纹状出血。心包积液，呈黄红色半透明状，心冠脂肪和心外膜偶有出血点。肝脏肿大，呈斑驳状；病程稍长者，肝脏呈黄绿色、质脆，有数量不等的灰白色坏死点。脾脏肿大、瘀血，有白色坏死点。有的病例肺呈紫黑色。

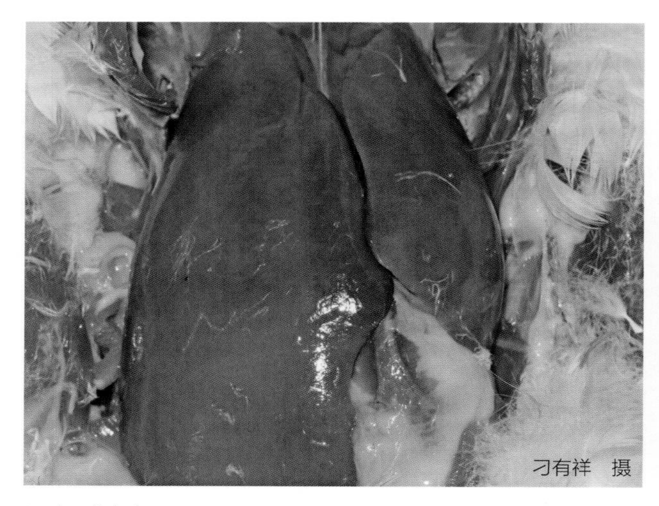

肝脏呈黄绿色

肝脏上有灰白色坏死点

（2）关节炎型 切开病死鸭的肿胀关节，可见关节腔内有白色或浅黄色分泌物或干酪样物，肌腱、腱鞘肿胀，甚至变形。关节周围结缔组织增生。

（3）脐炎型 病鸭脐部肿大，呈紫黑色或紫红色，卵黄吸收不良，呈黄红色或黑灰色，混有絮状物，有时稀薄如水。

诊断要点

（1）急性败血症型

1）临床特征：胸腹部和大腿内侧皮下浮肿、呈紫黑色，有血样渗出液；羽毛稀少、脱落。

2）剖检病变：皮下组织呈弥漫性紫红色或黑红色，有大量胶冻样粉红色或黄红色水肿液。

（2）关节炎型

1）临床特征：关节肿大、呈紫红色或紫黑色，跛行；有时皮肤破溃，流出血样和脓性分泌物。

2）剖检病变：关节腔内有白色或浅黄色分泌物或干酪样物。

（3）脐炎型

1）临床特征：脐孔发炎肿胀，局部质硬呈黄红色或紫黑色，有时有暗红色或黄色液体流出。

2）剖检病变：卵黄吸收不良，呈黄红色或黑灰色，混有絮状物。

（4）趾瘤病型（脚垫肿）

临床特征：趾部及其周围肿胀、化脓，变坚硬。

防控措施

（1）采取科学的饲养管理方式，给予鸭群全面的营养物质，提高鸭群抵抗力 鸭舍要适时通风，保持干燥；饲养密度不宜过大；做好鸭舍及鸭群周围环境的消毒工作，彻底清除鸭场内的污物和尖锐杂物，防止外伤发生；做好种蛋、孵化器、孵化过程及工作人员的清洁、卫生和消毒工作。

（2）疫苗接种 发病严重的鸭群，可注射多价葡萄球菌灭活疫苗，14 天产生免疫力，免疫期可达 2~3 个月。种鸭开产前 2 周左右免疫，可降低本病的发生。

（3）药物治疗 该菌对抗生素有耐受性，可通过药敏试验选择合适药物。常用 0.01% 的环丙沙星饮水，连用 3~5 天；或用头孢类药物饮水。饲料中可增加维生素 K。鸭舍、饲养管理用具及外周环境要严格消毒，以尽快扑灭疫病。

五、鸭沙门菌病

简介

鸭沙门菌病又称为鸭副伤寒，是由沙门菌属的多种能运动的广嗜性沙门菌引起的疾病总称，主要危害3周龄以内雏鸭，成年鸭多为带菌者。人可感染副伤寒沙门菌，本病有公共卫生意义。

病原与流行特点

鸭副伤寒沙门菌为革兰阴性菌，大多数有鞭毛能运动。血清型众多，从鸭体、鸭舍环境及鸭产品中分离的沙门菌血清型有40多种，其中鼠伤寒沙门菌、波茨坦沙门菌和圣保罗沙门菌最常见。沙门菌对热和消毒剂抵抗力弱，60℃加热5分钟即死亡，甲醛和苯酚对该菌有较强的杀伤力。

各品种、各日龄鸭均可感染，尤其3周龄以下雏鸭更易感染。鸭舍卫生条件差、饲养管理不当、天气突变或鸭群中存在免疫抑制病等因素时，鸭的易感性增加。病鸭和带菌鸭是主要传染源，本病既可水平传播，又可垂直传播。种鸭带菌和孵化箱污染是造成鸭副伤寒沙门菌散播的重要原因，该菌污染饲料、饮水、垫料、空气等，可经消化道、呼吸道和眼结膜感染鸭，引起发病。

临床症状

（1）雏鸭 不同日龄鸭感染后表现不同，雏鸭感染后表现精神沉郁，食欲减少或不食，不愿走动，腿软，渴欲增加。腹泻，病初呈稀粥样，后为绿色或黄色水样粪便，肛门周围有粪便污染。部分病例表现结膜炎，眼睑肿胀，有分泌物。病鸭颤抖，共济失调，站立不稳，常突然跌倒抽搐而死，死后头颈歪斜、向后扭曲，呈角弓反张。

（2）**成年鸭**　成年鸭感染沙门菌后，常呈隐性感染，一般不表现明显症状或症状较轻微。主要表现消瘦，生长发育迟缓，但较少死亡。产蛋母鸭感染后，部分病例产蛋突然停止。

提金凤　摄

病鸭精神沉郁、死亡

提金凤　摄

肛门周围有粪便污染

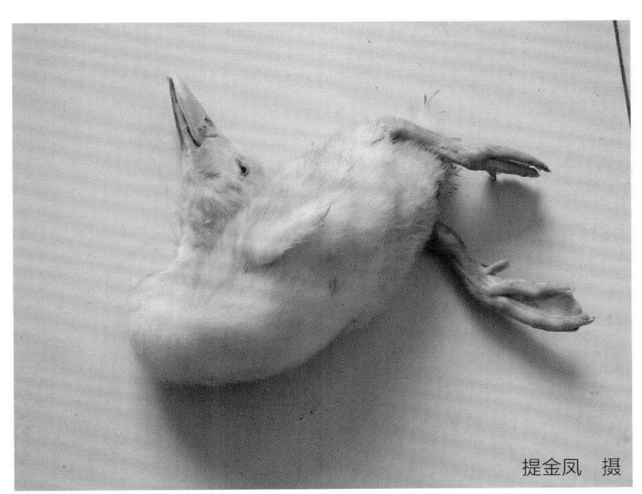
提金凤　摄

病死鸭头颈歪斜、向后扭曲，呈角弓反张

病理变化

雏鸭肝脏肿大，呈青铜色，表面有点状出血和细小的灰白色坏死灶；胆囊扩张，充满胆汁；肠黏膜充血、出血，盲肠肿胀，内有干酪样的栓子。气囊轻微混浊，表面有黄白色纤维素性渗出物附着。急性死亡鸭卵黄吸收不良，卵黄黏稠、色深。慢性病例还可见肠黏膜坏死，并有糠麸样物附着。成年鸭往往无肉眼可见病变。

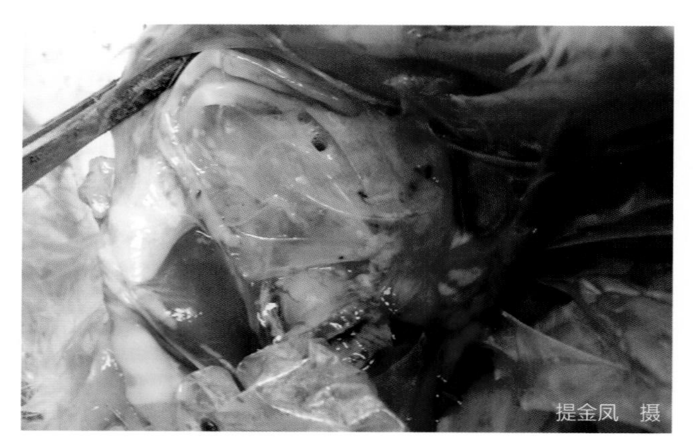

病鸭气囊有黄白色纤维素渗出物

诊断要点

（1）临床特征　腹泻，肛门周围有粪便污染，共济失调，死后头颈歪斜、向后扭曲，呈角弓反张等。

（2）剖检病变　肝脏肿胀，有出血点或灰白色坏死灶；盲肠肿胀，内有干酪样物；气囊轻度混浊。

防控措施

由于鸭沙门菌血清型多，传染源和传播途径多，应采取综合性防治措施。

（1）定期检疫　做好种鸭的净化。

（2）做好种蛋的卫生管理工作　产蛋箱要洁净，种蛋随时收集，储存时间不宜过长，种蛋入孵前后要消毒。孵化器及蛋库要严格消毒。

（3）成年鸭和雏鸭分开饲养　防止间接或直接接触，病种鸭所产的蛋不能作种用。

（4）治疗　发病鸭可选择 0.01% 的强力霉素饮水，连用 3~5 天；氟苯尼考饮水，100 毫克 / 升，连用 3~5 天。此外，新霉素、安普霉素饮水或拌料也有良好效果。

六、鸭坏死性肠炎

简介

鸭坏死性肠炎是鸭感染产气荚膜梭菌引起的一种急性消化道疾病，以食欲降低、四肢无力、突然死亡为主要症状，特征性病变为肠道黏膜坏死，故称为烂肠病。本病在种鸭中发生极为普遍，对鸭养殖业影响较大。

病原与流行特点

病原为A型或C型产气荚膜梭菌，无鞭毛，不运动，革兰染色阳性。产气荚膜梭菌能产生多种具有致病作用的毒素，根据毒素的特点可分为5个血清型（A~E）。A型和C型产气荚膜梭菌产生的α、β毒素是引起鸭坏死性肠炎的主要原因。

产气荚膜梭菌是健康鸭群肠道内的常在菌，自然环境中也广泛分布，粪便、土壤、污染的饲料和垫料或肠内容物中均可分离到。传播途径以消化道为主，一般情况下，产气荚膜梭菌不致病，但遇到应激如突然更换饲料，天气恶劣，疫苗接种，细菌、球虫、蠕虫侵害肠道，或长时间、超剂量使用抗生素等引起肠黏膜损伤，可诱发本病。本病一年四季均可发生，秋、冬季节多发。

临床症状

病鸭精神委顿，食欲减退，伏卧于地，排出腥臭的黑褐色或鲜红色血液稀便，肛门周围常粘有粪便，有时可见病鸭口中吐出黑色液体。产蛋鸭产蛋率下降或停产，产畸形蛋和软壳蛋。临床经过极短，常突然发生急性死亡。

病理变化

本病以坏死肠炎为主要病变特征。小肠中后段的回肠、空肠部分，肠壁脆弱，肠管扩张、充气，内有血样液体。十二指肠黏膜弥漫性出血，后期空肠和回肠黏膜表面覆盖纤维素性渗出物或糠麸样坏死物，病情严重者在空肠和回肠黏膜上形成散在的枣核状溃疡灶，溃疡可蔓延至肌层，上面覆盖黄绿色或灰白色纤维性假膜，易剥落。其他内脏器官无明显肉眼可见病变。

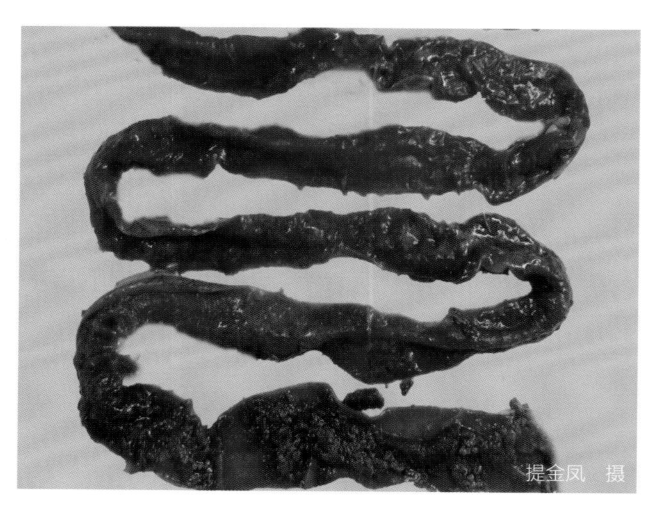
提金凤　摄

肠黏膜弥漫性出血，黏膜表面覆盖糠麸样坏死物（一）

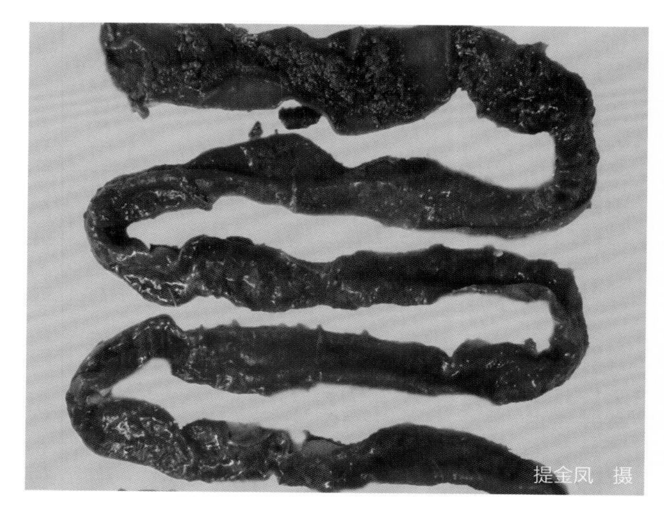
提金凤　摄

肠黏膜弥漫性出血，黏膜表面覆盖糠麸样坏死物（二）

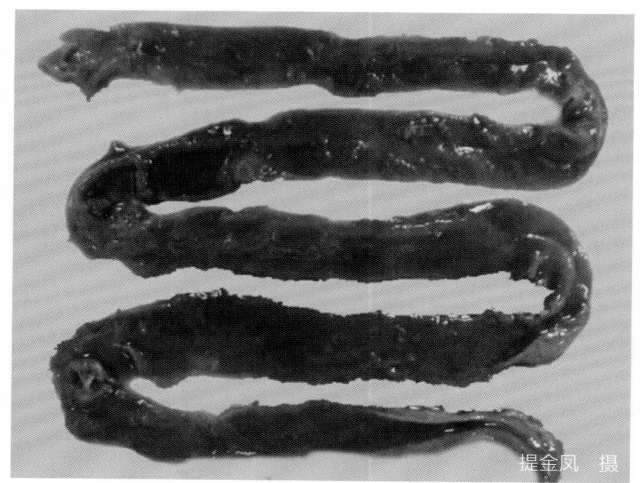
提金凤　摄

黏膜上形成纤维性假膜

诊断要点

（1）**临床特征**　食欲减退，卧地懒动，排出黑褐色稀便。

（2）**剖检病变**　肠黏膜表面覆盖纤维素性渗出物、糠麸样坏死物和溃疡面等。

防控措施

（1）**加强饲养管理**　不要随意更换饲料，以防止营养不均衡造成对肠道的刺激。加强鸭场消毒工作，舍内每天带鸭消毒1次，周围环境每天消毒1次，及时清除死鸭。有球虫病史的鸭场应定期驱虫。做好粪便无害化处理。正确使用抗生素，防止过量使用抗生素导致肠道菌群紊乱。

（2）**定期接种疫苗**　针对产气荚膜梭菌及其毒素的疫苗可对鸭群提供良好的保护，有助于防止感染。

（3）**治疗**　发病鸭群可用硫酸新霉素按照0.02%比例拌料，连喂4~5天；也可用0.2%的氟苯尼考饮水，连用4~5天，同时饲料中可添加复合多维，提高机体抵抗力；壮观霉素和林可霉素治疗效果良好，壮观霉素按照每升水添加500~1000毫克，连用3~5天。本病容易复发，可连续治疗2个疗程。

七、鸭链球菌病

简介

鸭链球菌病是由一些非化脓性血清型链球菌引起的鸭的一种急性败血性或慢性传染病，死亡率一般为0.5%~50%，世界各地均有发生。

病原与流行特点

链球菌是圆形或卵圆形的革兰阳性菌，对热敏感，煮沸后短时间内可被杀死。一般消毒剂都能将其杀灭。该菌黏附能力强，对宿主免疫系统有极强的破坏作用。

雏鸭和成年鸭均可感染，主要发生于3~4周龄雏鸭，成年鸭发病轻。易感鸭可通过空气、皮肤伤口、口腔等途径感染。病鸭和带菌鸭是主要传染源。鸭链球菌病无明显季节性，多呈散发性或地方流行性。地面潮湿、阴暗、卫生条件差的鸭舍中多发。

临床症状

鸭链球菌病包括急性型和亚急性（慢性）型。

（1）急性型 潜伏期为1~7天，病鸭精神萎靡，消瘦，腹泻，排黄绿色稀便，羽毛杂乱，头部轻微震颤，流泪。成年鸭产蛋率下降或停止产蛋。

（2）亚急性（慢性）型 病鸭昏睡，不愿进食，缩颈怕冷，站立不稳。严重者瘫痪不起，表现痉挛或头向后背，不能站立等神经症状。病程一般较长。

肌肉出血

病理变化

（1）急性型 病鸭肝脏肿大，表面有小出血点或出血斑；脾脏肿大呈球状；肺瘀血，局部水肿；肾脏肿大；皮下组织、肌肉及全身的浆膜水肿、出血，腹部皮下有胶冻样渗出物。心包有浅黄色炎性渗出液，心内、外膜有出血点，肠黏膜受损，常见出血性肠炎。

（2）亚急性（慢性）型　主要表现为纤维素性关节炎、腱鞘炎、输卵管炎，纤维素性心包炎和肝周炎，坏死性心肌炎，成年鸭出现腹膜炎、输卵管炎等。

关节肿大、关节腔中有脓性分泌物（一）

关节肿大、关节腔中有脓性分泌物（二）

诊断要点

（1）临床特征　腹泻，排黄绿色稀便，头部震颤。病程长者站立不稳，伴有神经症状。

（2）剖检病变　肝脏肿大，有出血点；脾脏、肺、肾脏肿大，病程长者多出现纤维素性心包炎、肝周炎、关节炎等，成年鸭出现腹膜炎、输卵管炎等。

防控措施

（1）加强饲养管理和卫生消毒工作，提高鸭群抵抗力 及时更换垫料，保持舍内卫生，避免饲养密度过高等。定期用 0.01% 的百毒杀对鸭舍和周围环境全面消毒，垫料、粪便做无害化处理。本病尚无疫苗。

（2）治疗 一旦发病，应及时给药。阿莫西林、安普霉素、头孢类药物等效果较好。病鸭按每千克体重 10~15 毫克肌内注射头孢噻呋，连用 3 天，或按每千克体重 10 毫克肌内注射卡那霉素，连用 3 天。全群鸭用 0.01% 的强力霉素饮水，连用 3 天，可控制病情。

八、鸭丹毒

简介

鸭丹毒是由红斑丹毒丝菌引起的一种急性败血性传染病，主要引起种鸭产蛋率和受精率下降，少数感染鸭出现死亡。本病多呈散发性，少数呈地方流行性，经济损失较严重。

病原与流行特点

红斑丹毒丝菌为两端钝圆的纤细杆菌，常连接在一起呈长丝状，是革兰阳性菌。最适宜生长温度为 35~37℃，高温下存活力较低，一般 5~15 分钟可被杀死，1% 的漂白粉、3% 的来苏尔、5% 的苯酚等短时间内可将其杀死。

鸡、鸭、鹅、火鸡和鸽等易感。2~3 周龄雏鸭多发，成年鸭发病少。猪是红斑丹毒丝菌最主要的储存宿主，据报道 30%~50% 健康猪携带，可通过粪便、尿液、唾液、鼻液等排菌，引起传播。鸭采食了红斑丹毒丝菌污染的饲料或饮水，或与病猪接触等均可感染。

本病一年四季均可发生，一旦发生，常难以清除。

临床症状

鸭感染后主要表现为精神沉郁，食欲下降或废绝，体温升高到 43℃以上，腹泻，病程为 2~4 天。有的病例还会出现猝死。有的雏鸭出现结膜炎。有的病鸭出现关节肿大，病程较长者表现神经症状，如两脚麻痹等。

病理变化

剖检病鸭可见脾脏充血，高度肿大，呈斑驳状。肝脏肿大，质脆，瘀血，有针尖大小的出血点。心冠脂肪、心肌常有出血，肠道有卡他性肠炎。慢性病例可见化脓性关节炎，关节处有脓性纤维素性渗出物，感染部位的皮肤有不规则的红斑和水肿。鸭蹼上还会出现深色充血区。

诊断要点

本病没有特征性的临床表现和肉眼病变，必须依靠病原的分离培养和鉴定来确诊。一般采集病死鸭的肝脏、脾脏、心脏或关节渗出物等，触片、染色、镜检，可见革兰阳性、细长多形性杆菌，同时将采集的病料进行细菌的分离培养，结合发病史、症状和病变综合诊断。

防控措施

（1）加强饲养管理和卫生消毒工作，提供鸭群的抵抗力　保证鸭舍通风干燥和合理的饲养密度，鸭

舍地面、器具和环境及时消毒，及时清理粪便，做好无害化处理。猪是本病主要的传染源，应避免鸭场离猪场太近，出入猪场的人员、车辆、器具等禁止进入鸭场。消灭啮齿类动物。

（2）治疗 鸭场一旦发病，应立即隔离病鸭，病死鸭做无害化处理，鸭场和周围环境彻底消毒。目前有效治疗措施是注射青霉素，每次按每千克体重 2 万 ~5 万单位肌内注射，每天 2 次，连用 3 天，或头孢噻呋按每千克体重 15~20 毫克肌内注射，连用 3 天。鸭群可同时用 0.01% 的环丙沙星饮水，连用 4~5 天。

九、鸭支原体病

简介

鸭支原体病又称为鸭传染性窦炎或鸭慢性呼吸道病，是由支原体引起的鸭群的一种以慢性呼吸道症状为特征的传染病，本病广泛发生于世界各地的水禽养殖地区。

病原与流行特点

鸭支原体对理化因素敏感，45℃加热 15~30 分钟或 55℃加热 5~15 分钟即被杀死，对紫外线敏感，阳光直射会迅速失去活力。雏鸭易感性最强，成年鸭、鹅也可发生。病鸭和带菌鸭为主要传染源。本病可通过空气、飞沫、尘埃等经呼吸道传播，也可通过种蛋垂直传播。鸭群一旦发病，发病率可达 80% 以上，但死亡率较低，若与其他细菌或病毒并发感染，病死率升高。本病一年四季均可发生，冬、春季节多发，饲养管理不当、应激、鸭舍潮湿、通风不良等因素，均可诱发本病。

临床症状

本病特征性症状是一侧或两侧眶下窦肿胀，形成鼓泡，触摸有波动感，后期鼓泡开始变硬；鼻腔有浆液性分泌物，逐渐变成黏液性或脓性，在鼻孔周围形成结痂，病鸭频频甩头，打喷嚏；有的出现结膜炎，结膜潮红，流泪，严重者失明。蛋鸭或种鸭感染后产蛋率下降和孵化率降低，产蛋率可下降20%左右。本病多呈慢性经过。

病鸭两侧眶下窦肿胀

病理变化

剖检可见病鸭眶下窦充满浆液性、黏液性分泌物或干酪样物质，气管、喉头黏膜充血、出血并附有浆液性或黏液性分泌物，气囊壁混浊、肿胀、增厚，内有泡沫样分泌物。若与大肠杆菌等混合感染，还可见纤维素性心包炎和肝周炎等。

诊断要点

（1）临床特征　一侧或两侧眶下窦肿胀，形成鼓泡，触摸有波动感。

（2）剖检病变　眶下窦内充满浆液性、黏液性分泌物或干酪样物质。

防控措施

（1）加强饲养管理　饲喂优质全价饲料，增强鸭群抵抗力。改善鸭舍卫生，减少应激，饲养密度不宜过大，保持良好通风。定期对鸭舍消毒，每周带鸭消毒2~3次。采取全进全出制度，空舍后用5%

的氢氧化钠彻底消毒，污物做无害化处理。

（2）**疫苗接种及检测工作**　疫苗接种是预防本病的重要措施，种鸭常用鸡毒支原体弱毒疫苗或油乳剂灭活疫苗进行免疫。定期对种鸭进行支原体检测，一般于开产前 2~3 个月检疫，阳性个体立即淘汰。

（3）**治疗**　感染早期治疗效果明显。0.01% 的强力霉素饮水，连用 4~5 天。或每千克饮水中加入 1~2 克泰乐菌素，连用 3 天。或用恩诺沙星拌料，每 10 千克饲料中加入 1 克左右原粉，每天 1 次，连用 3~5 天。为防止产生耐药性，最好选择 2~3 种药物联合或交替使用。

第三章
真菌性疾病

一、鸭曲霉菌病

简介

鸭曲霉菌病是由曲霉菌引起的一种真菌性疾病，雏鸭多发，以呼吸困难、肺和气囊形成霉菌结节为特征，又称为鸭霉菌性肺炎。

病原与流行特点

病原主要是烟曲霉，其次是黄曲霉，在马铃薯葡萄糖培养基、沙堡弱氏葡萄糖培养基上生长良好。曲霉菌孢子的抵抗力较强，120℃干热 1 小时或 100℃沸水 5 分钟才能将其杀死。一般消毒剂只能使孢子毒性变弱。

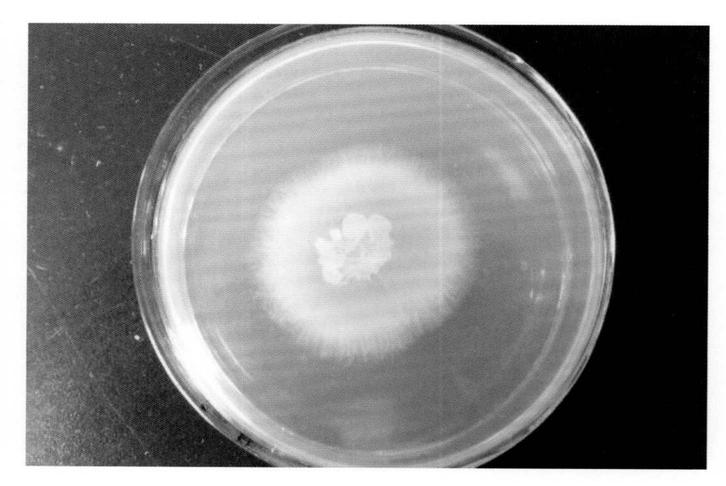

曲霉菌菌落

曲霉菌孢子广泛分布于自然界中，在潮湿、不通风、温度适宜时，垫料和饲料容易被污染而发生霉变。鸡、鸭、鹅等禽类均易感，雏禽易感性最强。鸭接触了发霉的垫料、饲料、用具、场地等，经呼吸道和消化道感染发病。孵化设备污染曲霉菌，曲霉菌透过蛋壳侵入蛋内感染胚胎，导致孵化期间鸭胚死亡或者雏鸭出壳后发病死亡。

临床症状

临床主要表现为急性型和慢性型。

（1）急性型　病鸭精神沉郁，缩颈闭眼，羽毛粗乱，不爱运动，呼吸急促，常张口呼吸，腹泻，消瘦，常在出现症状后2~5天死亡。

（2）慢性型　病程较长，多为1周。病鸭呼吸困难，食欲减退或废绝，后期腹泻，常离群呆立，闭眼昏睡，有的出现神经症状，如摇头、共济失调、扭脖、翅和腿麻痹等，有的眼睛肿胀甚至失明。产蛋鸭产蛋率下降甚至停产。

病理变化

肺和气囊的病变最典型。肺有多个大小不一（豆粒或米粒大小）、灰白色或黄白色的霉菌结节。气囊混浊，增厚，气囊壁上有大小不一的霉菌结节或成团的霉菌。严重感染的病例，胸腔、腹腔的浆膜上，甚至心脏、肝脏、脾脏、肾脏等器官上也出现霉菌结节或霉菌块。

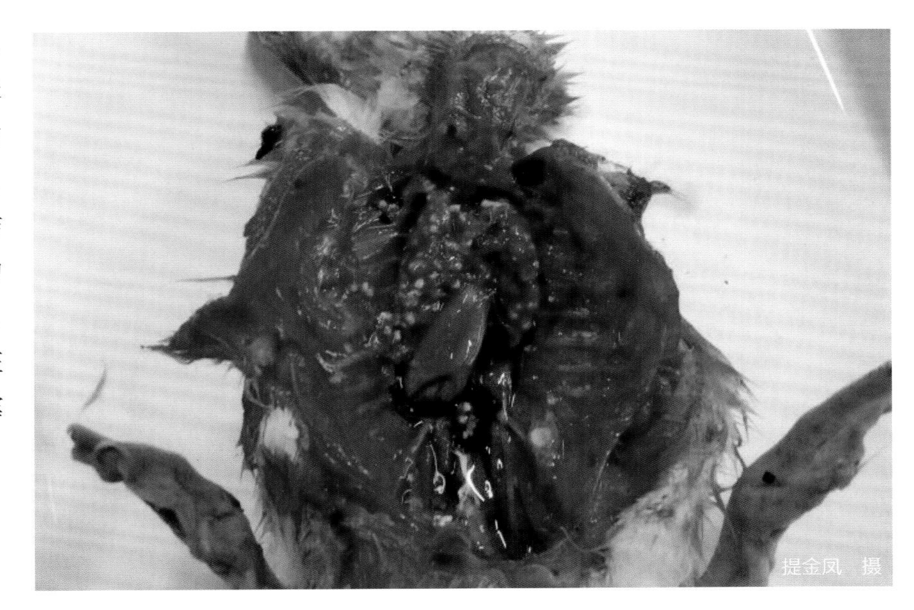

肺有米粒大小、灰白色霉菌结节

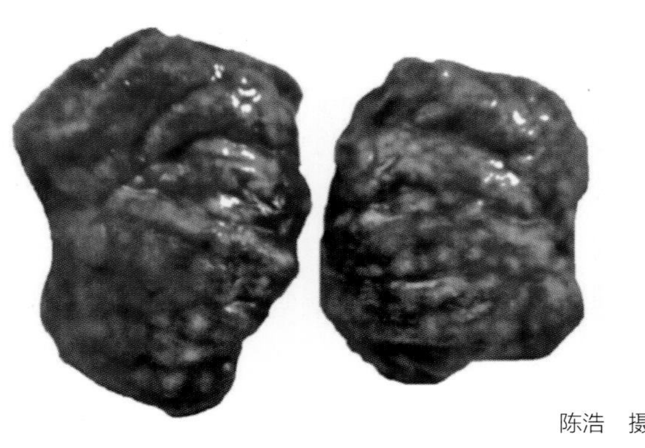

陈浩　摄

肺肿胀，有大小不一的黄白色霉菌结节

陈浩　摄

腹腔中有豆粒大小、黄白色霉菌结节

诊断要点

（1）**临床特征**　呼吸急促，张口呼吸，有的表现摇头、共济失调、扭脖、翅和腿麻痹等神经症状。

（2）**剖检病变**　肺和气囊上有多个大小不一、灰白色或黄白色的霉菌结节。

防控措施

（1）**加强饲养管理和卫生消毒工作，不用发霉的垫料和饲料**　保持鸭舍通风、干燥，垫料经常翻晒，料槽、饮水器和孵化器用具定期消毒。饲料存放在通风干燥处，可添加防霉剂。

（2）**治疗**　鸭群一旦发病，应尽快分析原因，及时更换发霉的饲料或垫料，对鸭舍、用具、周围环境等做好清洗消毒工作。可用制霉菌素混饲，每千克饲料添加 50 万 ~100 万国际单位，连用 5 天。同时用 0.05% 硫酸铜溶液喂服，连用 4~5 天；或用 0.5%~1.0% 的碘化钾溶液喂服，连用 4~5 天。

二、鸭念珠菌病

简介

鸭念珠菌病是由白念珠菌引起的鸭的一种消化道真菌性传染病，又称为嗉囊霉菌症、霉菌性口炎、念珠菌口炎等，主要特征是上消化道黏膜出现白色假膜和溃疡病灶。

病原与流行特点

白念珠菌在自然界中广泛存在，常寄生于健康畜禽和人的呼吸道与消化道中。鸭、鹅、鸡、火鸡、鸽子等多发，幼禽比成年禽易感，1~3 周龄鸭多发。病鸭通过粪便排菌，污染环境、垫料、饲料等，易感鸭摄食经消化道感染。上消化道黏膜损伤有助于病原入侵。本病也可以通过蛋壳传播。

鸭群体内菌群失调、抵抗力弱或处于不良卫生条件下，容易发生本病。

临床症状

病鸭多无明显的特征性症状。主要表现精神沉郁，消化机能障碍，采食、饮水减少；呼吸困难，气喘，有时发出咕噜声。濒死前部分鸭出现抽搐、头后仰等神经症状。

病理变化

病变多位于消化道，口腔和食道的病变最明显。口腔、咽喉、食道黏膜增厚，表面形成白色、灰白色或黄色渗出物，形如毛巾的皱纹，撕脱后黏膜光滑。食道膨大，食道黏膜和腺胃黏膜肿胀、出血，表面覆有黏液性或灰白色坏死性渗出物。肠道内有灰白色稀粥状内容物。

食道黏膜增厚，表面有灰白色渗出物

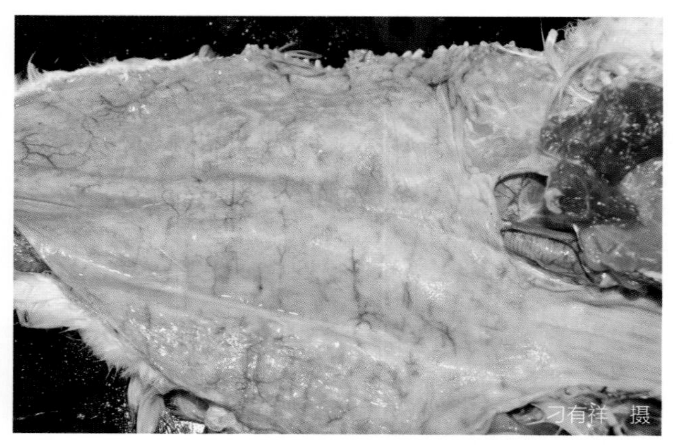

食道膨大部黏膜表面有灰白色渗出物

诊断要点

（1）临床特征 采食、饮水减少。呼吸困难，气喘，有时发出咕噜声。无明显的特征性症状。

（2）剖检病变 口腔和食道黏膜增厚，形成白色、灰白色或黄色假膜。

防控措施

（1）加强饲养管理和卫生消毒工作，提高鸭群抵抗力 保持鸭舍通风换气，避免氨气浓度过高，控制合理的饲养密度，减少应激等。育雏期间适当补充多种维生素。孵化前可用碘制剂处理种蛋，防止垂直传播。饲料中适当添加制霉菌素或饮水中添加硫酸铜。

（2）治疗 发病后立即隔离病鸭，鸭舍用2%的福尔马林或1%的氢氧化钠消毒，每天2次，及时清除舍内粪便。鸭群可口服制霉菌素，每千克饲料添加0.2~0.3克，连用5~7天，同时用0.05%的硫酸铜溶液饮水，连用2~3天，或1升水加5~10克碘化钾喂服，连用3~4天。病情严重者，可撕去口腔的假膜，用碘甘油或甲紫溶液涂擦溃疡。

第四章
寄生虫病

一、鸭球虫病

简介

鸭球虫病是艾美耳科不同属的球虫寄生于鸭肠道或肾脏中引起的一类寄生虫病，对鸭养殖业危害严重。

病原与流行特点

感染鸭的球虫有 20 多种，我国常见的主要有毁灭泰泽球虫和菲莱氏温扬球虫。毁灭泰泽球虫寄生于空肠、回肠、卵黄蒂前后的肠黏膜上皮细胞中，致病力强，危害严重。卵囊呈椭圆形，浅绿色，无卵膜孔。菲莱氏温扬球虫寄生于卵黄蒂前后肠段，回肠、盲肠和直肠的上皮细胞和固有层中，卵囊较大，呈浅绿色、卵圆形。

鸭球虫只感染鸭，不感染其他禽类。各日龄、各品种的鸭均可感染，2~3 周龄雏鸭发病严重，死亡率高。易感鸭常通过摄入被球虫感染性卵囊污染的饲料、饮水等而感染发病。鸭球虫病的感染率与饲养方式、温度、湿度等关系密切。潮湿地面饲养的雏鸭感染率高，网上饲养的雏鸭感染率低。雨量多、湿度大、气温高的季节发病率高，北方地区 7~9 月发病严重。

临床症状

急性鸭球虫病多发生于 2~3 周龄的雏鸭，病鸭表现精神委顿，食欲下降，喜卧，缩颈，饮欲增加。行走时摇晃不稳，容易跌倒，严重者甚至不能站立。常腹泻，排暗红色或深紫色带血稀便。发病 2~3 天开始出现死亡，4~5 天死亡数量最多，6~7 天死亡开始减少。耐过鸭生长受阻，增重缓慢。慢性鸭球虫病多无明显临床症状，成为带虫者。

病理变化

肠壁肿胀，肠黏膜上有针尖大小的出血点，有的可见红白相间的小点或覆盖一层糠麸样黏液，不形成肠芯。肠管肿胀，出血，充满暗红色胶冻样出血性黏液，急性型病例出血严重，整个小肠呈泛发性出血性肠炎，卵黄蒂前后出血严重。

肠黏膜上有针尖大小出血点和血液

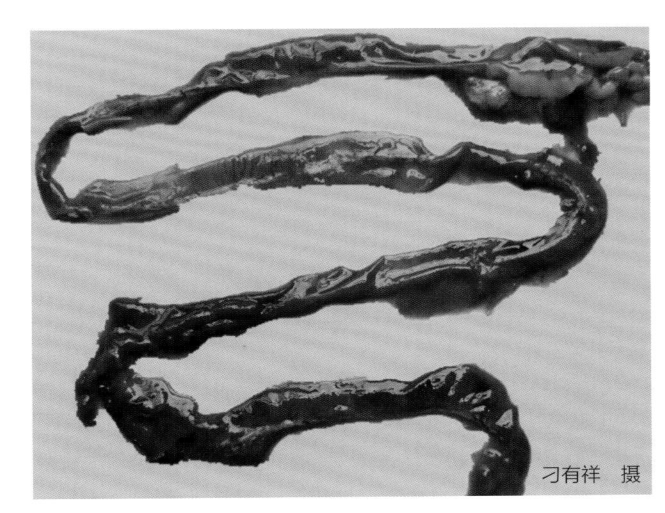

肠管中充满暗红色胶冻样出血性黏液

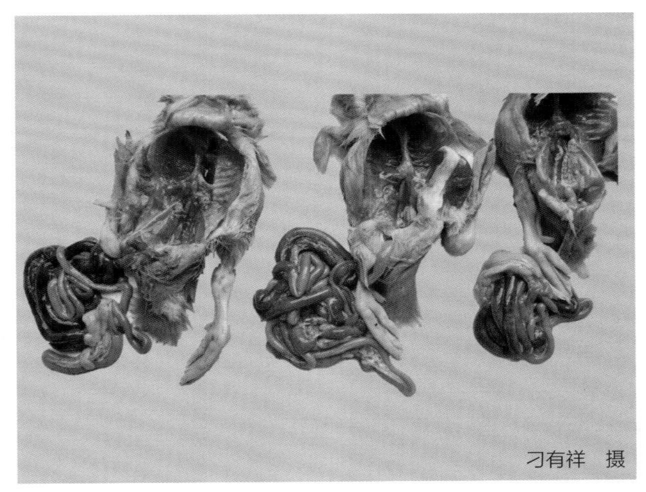

肠管肿胀、出血

诊断要点

（1）临床特征　2~3 周龄雏鸭多发，带血稀便，喜卧，饮欲增加。

（2）剖检病变　肠壁肿胀，黏膜上有针尖大小的出血点或有出血性黏液。

防控措施

1）保持鸭舍干燥清洁，定期清除粪便，用生物热消毒法进行消毒，杀灭球虫卵囊，防止鸭粪污染饲料和饮水。

2）雏鸭和耐过鸭隔离饲养，饮水用具和饲槽定期消毒，保持垫料干燥卫生。

3）治疗。选用合适的药物预防和治疗鸭球虫病，常用药物包括地克珠利、莫能菌素、氨丙啉、妥曲珠利、磺胺喹恶啉、磺胺氯吡嗪钠、磺胺六甲氧嘧啶等，要轮换交替用药或联合用药，防止产生耐药性。治疗用药：0.1% 的磺胺喹恶啉混饲，连用 2~3 天；0.03% 的磺胺氯吡嗪钠混饮，连用 3 天；0.024% 的氨丙啉混饮，连用 3 天。

二、鸭住白细胞虫病

简介

鸭住白细胞虫病是由西氏住白细胞原虫寄生于鸭的血液和内脏器官组织内而引起的一种原虫病。本病对雏鸭致病性强，可造成大批量死亡。

病原与流行特点

西氏住白细胞虫成熟配子体呈长椭圆形或圆形，寄生于红细胞和白细胞中，长配子体只寄生于白细胞中，圆形配子体只寄生于红细胞中。被寄生的宿主细胞呈纺锤形，宿主细胞核被虫体挤在一侧，呈狭长扁平状。吸血昆虫蚋是中间宿主，鸭、鹅是终末宿主，蚋的叮咬可引起本病传播。康复鸭可长期带虫。

本病夏、秋季节多发，南方 4~10 月多发，北方 7~9 月多发。

临床症状

各日龄鸭都能感染，雏鸭最易感，发病最严重。病鸭精神沉郁，体温升高，食欲下降，渴感增加，体重下降，贫血，消瘦；运动失调，两脚发软，行动困难，常呈伏卧状态；腹泻，排浅黄色稀便；呼吸困难，眼睑粘连，流鼻液，流泪。成年鸭感染后仅出现精神沉郁、食欲下降、消瘦等症状。本病流行地区鸭发病率为 20%，雏鸭死亡率高达 70%。

病理变化

病鸭肌肉苍白，胸肌、腿肌、心肌有大小不等出血点，内脏器官上有灰白色、针尖至粟粒大小的裂殖体结节。肝脏和脾脏肿大、呈浅黄色，消化道黏膜充血，腺胃、肌胃、肺、肾脏等黏膜有出血点。

诊断要点

（1）临床特征　雏鸭多发，贫血，消瘦，腹泻。

（2）剖检病变　肌肉苍白、有出血点，内脏器官有针尖大结节。

防控措施

（1）消灭中间宿主蚋是预防本病的关键措施 流行季节，每隔 6~7 天用杀虫剂喷洒鸭舍及其周围环境，地面撒布石灰粉，清除杂草和污水。

（2）加强饲养管理和卫生消毒工作 鸭舍、工具及外周环境常用蒸汽、漂白粉、福尔马林等进行消毒。流行季节可选择药物预防，如每千克饲料添加 2.5 毫克乙胺嘧啶，预防效果良好。

（3）治疗 鸭群一旦发病，应将病鸭隔离，对鸭舍消毒、杀虫。可选择以下药物治疗：复方磺胺甲基异恶唑（SMZ+TMP，1∶5）按 0.02%~0.04% 拌料，连用 4~5 天；乙胺嘧啶按 0.0005% 拌料，连用 3 天；复方磺胺 –5– 甲氧嘧啶按 0.03% 拌料，连用 4~5 天。

三、鸭隐孢子虫病

简介

鸭隐孢子虫病是一种重要的人畜共患病，流行广泛，对养禽业危害严重。本病可引起鸭呼吸道和消化道症状，导致生产性能下降。目前我国很多省份均有发生。

病原与流行特点

隐孢子虫可以寄生在多种动物体内。引起鸭隐孢子虫病的主要是贝氏隐孢子虫。隐孢子虫的卵囊呈圆形或椭圆形，抵抗力强，对常用的消毒剂如碘酊、漂白粉等都不敏感。

本病一年四季均可发生，无明显季节性，温暖多雨的季节多发。病鸭和带虫的鸭是主要传染源，病鸭经粪便排出卵囊，健康鸭群通过消化道摄入被隐孢子虫卵囊污染的饲料、饮水或经呼吸道吸入感染。各日龄鸭均易感，雏鸭感染率和死亡率较高，成年鸭感染后一般不表现症状。

临床症状

病鸭精神沉郁，羽毛松乱，食欲减退，发育迟缓。主要表现呼吸道症状，张口呼吸，咳嗽，打喷嚏，叫声嘶哑，口、鼻流黏液，部分鸭排白色水样稀便。

病理变化

病鸭喉、气管黏膜水肿、有黏液，气囊壁增厚，有黄色干酪样物，双侧眶下窦内含黄色黏液；肺呈暗红色，切开可见大量灰白色结节；法氏囊萎缩。

诊断要点

（1）临床特征　主要表现呼吸道症状，张口呼吸，咳嗽，打喷嚏，叫声嘶哑，口、鼻流黏液。

（2）剖检病变　病鸭喉、气管黏膜水肿、有黏液，气囊壁增厚，有黄色干酪样物。

防控措施

（1）加强饲养管理，搞好卫生消毒工作，提高鸭群免疫力　雏鸭与成年鸭不要混养，定期消毒，可用10%的福尔马林、漂白粉等进行消毒。

（2）治疗　鸭群一旦发病，及时隔离治疗。病鸭排出的粪便进行无害化处理，可用火焰灼烧法彻底杀灭卵囊，饲养器具用3%的漂白粉浸泡30分钟以上再清洗。目前尚无有效治疗药物，可选择

0.05% 的二甲硝咪唑饮水或每千克饲料中添加乙酰螺旋霉素 400 毫克缓解症状。百球清可能有一定治疗效果，治愈率为 50% 左右。

四、鸭吸虫病

鸭吸虫病是由多种吸虫寄生于鸭体内引起的各种疾病的总称，主要包括前殖吸虫、卷棘口吸虫、背孔吸虫、后睾吸虫等。

1. 鸭前殖吸虫病

简介

鸭前殖吸虫病是由前殖科前殖属的多种吸虫寄生于鸭的输卵管、泄殖腔、法氏囊和直肠引起的。本病在我国各地均有发生，南方更为多见。

病原与流行特点

目前已发现的前殖吸虫有 40 余种，6 种对鸭有致病性，其中致病性较强、传播范围较广的是卵圆前殖吸虫和楔形前殖吸虫。虫体呈梨形或椭圆形，虫卵较小。

前殖吸虫的发育需要两个中间宿主，第一中间宿主为淡水螺，第二中间宿主为蜻蜓。本病多为地方流行性，流行季节与蜻蜓出现的季节有关，即在每年 5~6 月，蜻蜓活动盛期，发病较多。潮湿和温暖的气候可促进本病的传播。

临床症状

感染初期无明显症状，母鸭产蛋率下降，产薄壳蛋、畸形蛋、软壳蛋。有的腹部膨大、下垂，从泄殖腔排出卵壳碎片、蛋清或蛋黄，有的流出石灰样半液体物质，步态不稳，常卧伏。

随后病鸭精神沉郁，食欲下降，肛门潮红、突出，严重者因输卵管破坏，导致泛发性腹膜炎，3~5天内死亡。

病理变化

表现输卵管和泄殖腔炎，黏膜充血、出血，在黏膜表面可发现虫体，后期输卵管壁变薄可能出现破裂，发生卵黄性腹膜炎。腹腔内有大量黄色混浊渗出液，可见脏器粘连。

诊断要点

（1）临床特征　腹部膨大、下垂，从泄殖腔排出卵壳碎片、蛋清或蛋黄，有的流出石灰样半液体物质。

（2）剖检病变　输卵管黏膜充血、出血，有虫体存在。

防控措施

（1）加强鸭场饲养管理，做好卫生清洁工作　及时清除粪便，堆积发酵，杀灭虫卵。避免在蜻蜓活动盛期和夏季多雨时活动，消灭螺等第一中间宿主。每年春、秋两季有计划地进行预防性驱虫。

（2）治疗　鸭群一旦发病，应对大群用药物驱虫。阿苯达唑按每千克体重30毫克拌料给药，7小时开始排虫，32小时左右排虫完毕。

2. 鸭棘口吸虫病

简介

鸭棘口吸虫病是由棘口科各属吸虫寄生于鸭肠道内引起的一类寄生虫病，在我国各地普遍流行，给鸭养殖业造成严重危害。

病原与流行特点

病原主要为卷棘口吸虫，另有接睾棘口吸虫、曲领棘缘吸虫等 10 多种。卷棘口吸虫虫体呈细长叶状，浅红色，较厚，体表有小刺。棘口吸虫的发育需要两个中间宿主，第一中间宿主为淡水螺类，第二中间宿主有蛙类、淡水鱼。成虫在鸭盲肠或直肠产卵，虫卵随粪便排出，落入水中的卵在 31~32℃条件下，经 8~10 天孵出毛蚴。毛蚴钻进淡水螺体内，发育成尾蚴，尾蚴钻入第二中间宿主体内发育成囊蚴。鸭吞食含囊蚴的第二中间宿主而被感染。

各日龄鸭均可感染，雏鸭和 50 日龄以内青年鸭更易感。本病的发生与饲养模式密切相关，放牧鸭群多发。一年四季均可发生，夏末秋初多发。

临床症状

病鸭食欲下降，消化不良，消瘦，贫血，腹泻，生长发育受阻甚至出现死亡。成年鸭体重下降，母鸭产蛋减少。

病理变化

剖检可见出血性肠炎，寄生部位的小肠或盲肠、直肠肿大，肠黏膜有点状出血并附着大量粉红色棘口类吸虫，肠内容物充满黏液。

诊断要点

（1）**临床特征**　消化不良，消瘦，贫血，腹泻。

（2）**剖检病变**　出血性肠炎，肠黏膜出血，有大量粉红色虫体附着。

防控措施

（1）**加强饲养管理，保持鸭舍及运动场地干净、卫生**　及时清除粪便，堆积发酵，杀灭虫卵。放养鸭的池塘，经常杀灭中间宿主，禁用螺、蝌蚪和水草等饲喂鸭群。鸭群饲养过程中定期检测虫卵，有计划地进行预防性驱虫。

（2）**治疗**　鸭群一旦感染，及时隔离，添加多种维生素或葡萄糖，采用药物治疗。氯硝柳胺按每千克体重100~200毫克口服。阿苯达唑按每千克体重15毫克口服。吡喹酮按每千克体重10毫克口服。同时用抗生素防止继发感染。

3. 鸭背孔吸虫病

简介

鸭背孔吸虫病是由背孔科背孔属的多种吸虫寄生于鸭盲肠和直肠内引起的一种以消化功能障碍和贫血为主要特征的寄生虫病。

病原与流行特点

病原为背孔吸虫，最常见的虫体为纤细背孔吸虫、折叠背孔吸虫、肠背孔吸虫等，可寄生在鸭的盲肠、直肠、小肠及泄殖腔内。背孔吸虫的中间宿主是淡水螺类，成虫在宿主肠腔内产卵，卵随粪便

排出，在适宜的外界环境中发育成毛蚴，毛蚴进入中间宿主先后发育成胞蚴、雷蚴和尾蚴。尾蚴离开螺体在水生植物上形成囊蚴。鸭因采食含囊蚴的螺蛳或水生植物等而感染。

各日龄鸭均可感染，雏鸭易感性更强，成年鸭多呈慢性经过。水面放养和稻鸭共生饲养模式下的鸭群多发。感染鸭和耐过鸭是最重要传染源。本病一年四季均可发生，尤其夏季多发。

临床症状

病鸭精神沉郁，食欲减退，消瘦，贫血，闭目嗜睡，饮欲增加；行走摇晃，常常伏地，严重者不能站立；腹泻，粪便呈浅绿色或棕褐色，严重者粪便中混有血液。

病理变化

小肠、直肠黏膜充血、出血、糜烂，小肠和盲肠内充满粉红色虫体，直肠肿大，内容物充盈，黏膜上有出血点。

诊断要点

（1）临床特征　消瘦、贫血，行走摇晃，严重者不能站立，腹泻。

（2）剖检病变　小肠、直肠黏膜充血、出血、糜烂，小肠和盲肠内充满粉红色虫体。

防控措施

（1）加强饲养管理，保持鸭舍、运动场地清洁卫生　及时清除粪便，堆积发酵。改变鸭饲养方式，将放牧饲养改为舍饲，避免鸭在养殖过程中接触到中间宿主及含有囊蚴的水生植物。对鸭群有计划地进行预防性驱虫。

（2）治疗　鸭群一旦感染，及时隔离，添加多种维生素或葡萄糖，采用药物治疗。槟榔按每千克体重 600 毫克研磨后煎水，混合阿苯达唑按每千克体重 20 毫克拌匀后灌服，连用 2 天。

大群要进行预防性驱虫，槟榔按每千克体重 500 毫克研磨后煎水，混合阿苯达唑按每千克体重 15 毫克，拌料后 1 次饲喂，连用 2 天。

4. 鸭后睾吸虫病

简介

鸭后睾吸虫病是由后睾科的后睾属、次睾属、对体属和支囊属等的多种次睾吸虫寄生于鸭肝胆管和胆囊内引起的一种寄生虫病，常引起鸭胆管堵塞、胆汁分泌受阻，导致鸭黄疸、贫血、消瘦而死，对鸭危害严重。本病在我国多地流行且分布广泛。

病原与流行特点

后睾吸虫有多种，我国最常见的有鸭对体吸虫、东方次睾吸虫、台湾次睾吸虫，危害最大的是东方次睾吸虫。

后睾吸虫的发育需要两个中间宿主，第一中间宿主为淡水螺类，第二中间宿主为一些鲤科类小鱼，黄鳝、泥鳅、蛙类等也是重要的第二中间宿主。后睾吸虫的发育过程包括虫卵、毛蚴、胞蚴、雷蚴、尾蚴、囊蚴和成虫几个阶段。鸭吞食了含成熟囊蚴的鱼而感染，囊蚴在宿主的肝胆管和胆囊内发育成熟。

长期放牧鸭群多发，舍饲鸭感染多是由于饲料添加的鱼粉中污染了囊蚴。各日龄鸭均可感染，雏鸭易感性强，产蛋麻鸭高于肉鸭。一年四季都可发病，每年 7~9 月多发。

临床症状

病鸭食欲减退，精神不振，消化不良，逐渐消瘦，贫血；腹泻，严重者排草绿色或灰白色稀便。患病雏鸭生长发育受阻，产蛋鸭产蛋率下降。

病理变化

肝脏发炎肿大，呈橙黄色，有白色斑点。胆囊肿大，囊壁增厚，表面可见一些白色斑点，胆汁变质、减少。胆管增生，被大量虫体堵塞。

诊断要点

（1）临床特征 贫血、消瘦和发育受阻。

（2）剖检病变 肝脏肿大，呈橙黄色，有斑点。胆囊肿大，囊壁增厚。胆管增生，被虫体堵塞。

防控措施

1）及时清除粪便，堆积发酵，杀灭虫卵，避免环境污染。有计划地定期驱虫。

2）选择干净饲草或用化学药物消灭中间宿主，避免鸭在水边或稻田等地放牧。

3）治疗。对病鸭及时治疗，防止病原散播。吡喹酮按每千克体重 10~15 毫克拌料，治疗效果较好。阿苯达唑按每千克体重 20~25 毫克拌料，效果明显。

五、鸭绦虫病

简介

鸭绦虫病是多种绦虫寄生于鸭肠道中引起的寄生虫病，常导致贫血、消瘦、腹泻、产蛋减少甚至停产。

病原与流行特点

鸭体内常见的绦虫有矛形剑带绦虫、膜壳绦虫、片形皱褶绦虫等。

矛形剑带绦虫成虫寄生于鸭小肠内，鸭通过饮水或饲料摄入含有似囊尾蚴的剑水蚤而被感染。雏鸭易感性强，发病率和死亡率高。集约化舍内饲养鸭群基本不发生，放牧或稻鸭模式易发生。成年鸭也可感染，但症状轻，是重要的传染源。本病呈世界性分布、地方流行性，剑水蚤活跃的5~9月多发，对鸭危害较大。

膜壳绦虫和片形皱褶绦虫的流行特点与矛形剑带绦虫相似。

临床症状

病鸭精神沉郁，消化障碍，食欲减退，饮欲增加，排浅绿色或灰白色稀便，混有黏液和白色米粒样绦虫节片。严重者消瘦、贫血，生长发育缓慢。有的出现神经症状，如步态不稳、歪颈仰头、麻痹痉挛、共济失调等。

病理变化

肠黏膜水肿、出血、溃疡、坏死脱落等，肠管壁增厚，十二指肠和空肠内可见米黄色或白色线状成虫体，严重时可堵塞肠道。肝脏和脾脏等可见灰白色或黄白色的虫卵结节。法氏囊水肿、瘀血。

肠管壁增厚，肠管内可见白色线状成虫体（一）

肠管壁增厚，肠管内可见白色线状成虫体（二）

诊断要点

（1）临床特征 排浅绿色或灰白色稀便，混有白色米粒样绦虫节片。

（2）剖检病变 肠黏膜水肿、出血、溃疡、坏死脱落，肠管中可见米黄色或白色线状成虫体。

防控措施

1）鸭舍和运动场定期消毒，及时清理粪便，无害化处理，以杀灭虫卵。

2）本病常发地区应定期驱虫，改变饲养模式，减少放牧、散养等粗放型饲养。

3）发病时可采用药物治疗。阿苯达唑按每千克体重 15~25 毫克或氯硝柳胺按每千克体重 50~100 毫克，拌料后一次内服，数小时可排出虫体。饮水中添加数倍量维生素 C 可提高治疗效果。

六、鸭线虫病

1. 鸭蛔虫病

简介

鸭蛔虫病是由鸡蛔虫寄生于鸭小肠内引起的一种常见寄生虫病，影响雏鸭的正常生长发育，甚至造成死亡。本病遍及全国各地，给鸭养殖业造成严重危害。

病原与流行特点

鸡蛔虫呈浅黄色或乳白色，虫卵呈椭圆形，寄生于多种家禽的小肠，肌胃和腺胃中也有大量成虫寄生。虫卵随粪便排出体外，在外界适宜的温度、湿度下，发育为感染性虫卵。

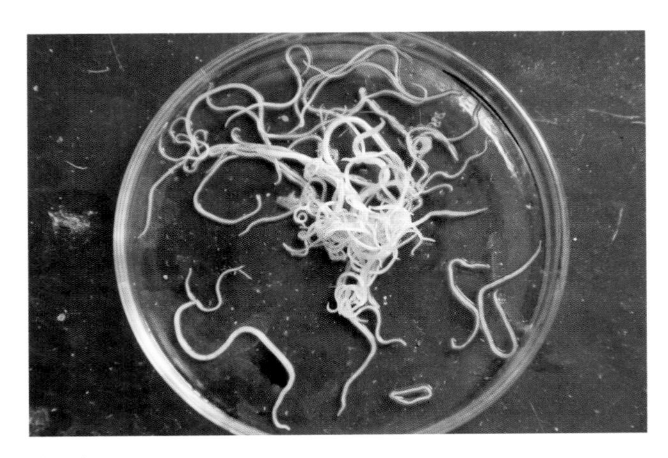

鸡蛔虫

各日龄、各品种鸭均易感，3~4 月龄的雏鸭和后备鸭易感性强，成年鸭多为隐性带虫，不需要中间宿主。鸭主要通过摄入被感染性虫卵污染的饲料或饮水感染本病。粗放型饲养模式，如地面平养、放牧、水面放养等易发病，网床饲养和笼养鸭群极少发生。管理落后、卫生条件差、鸭群缺乏维生素等易发本病。

临床症状

雏鸭生长发育不良，精神沉郁，食欲减退，双翅下垂，羽毛蓬乱。腹泻，排灰白色或浅绿色稀便，有时混有带血黏液和黄白色、长短不一、牙签状虫体。后期病鸭消瘦、贫血，行动迟缓。成年鸭一般不表现症状，严重感染时出现腹泻、产蛋率下降、贫血等症状。

病理变化

小肠黏膜充血、出血，肠壁上有溃疡灶或结节。肠腔内有大量虫体相互缠绕成团，阻塞肠腔，严重时可导致肠破裂。

诊断要点

（1）临床特征　排灰白色或浅绿色稀便，有时混有带血黏液和黄白色、牙签状虫体，消瘦。

（2）剖检病变　肠腔内有大量虫体相互缠绕成团，阻塞肠腔。

防控措施

1）加强饲养管理。保持鸭舍清洁、干燥、通风，特别是垫料和饮水区域。及时清理粪便，进行无害化处理，消灭虫卵。鸭舍、运动场、料槽、水线等定期消毒。

2）成年鸭和雏鸭不能混养，实行全进全出制度。易感鸭群定期驱虫，适当补充维生素 A 和 B 族维生素，增强鸭群对鸡蛔虫的抵抗力。

3）治疗。鸭群一旦发病，应及时治疗。左旋咪唑按每千克体重 25 ~ 30 毫克拌料，一次内服；阿苯达唑按每千克体重 10 ~ 20 毫克拌料，一次内服。

2. 鸭胃线虫病

简介

鸭胃线虫病主要是由华首科华首属和四棱科四棱属的线虫寄生于鸭腺胃、肌胃和小肠而引起的一种原虫病。本病主要引起鸭消化道症状，影响其正常生长发育，危害鸭养殖业。

病原与流行特点

病原包括美洲四棱线虫、分棘四棱线虫、斧钩华首线虫等，四棱线虫寄生于鸭腺胃，斧钩华首线虫寄生于鸭肌胃。

四棱线虫和斧钩华首线虫都必须有中间宿主参与。美洲四棱线虫的中间宿主为直翅类昆虫，如蝗虫，分棘四棱线虫的中间宿主为软甲亚纲端足目钩虾属成员和介形亚纲的异壳介虫，斧钩华首线虫的中间宿主为蝗虫、甲虫、象鼻虫等。我国四棱线虫主要分布在长江以南地区和西北地区。四棱线虫和斧钩华首线虫发育周期短，传播快，水面放养和稻鸭共生等饲养模式更易感染。春夏之交多发。

临床症状

病鸭精神沉郁，食欲减退，贫血，消瘦，排白色或黄色稀便。雏鸭生长发育迟缓，产蛋鸭产蛋率下降，体重减轻。严重者因胃溃疡或胃穿孔出现死亡。

病理变化

感染四棱线虫主要表现为鸭腺胃卡他性炎症，黏膜渗出物多而黏稠，溃疡出血，腺胃壁有黑色斑点，浆膜面可以看到有球形虫体寄生。肠黏膜和肠系膜充血、出血。

斧钩华首线虫感染主要表现肌胃点状和线状出血，肌层有时形成结节，角质层较薄部位有大量粉红色、细长的虫体。角质层下有黑色溃疡病灶，角质膜容易脱落。

诊断要点

（1）临床特征 消瘦、贫血和腹泻。

（2）剖检病变 腺胃黏膜渗出物多而黏稠，有线性虫体；肌胃点状和线状出血，角质层下有黑色溃疡病灶。

防控措施

（1）搞好鸭舍和外周环境卫生、消毒工作 鸭舍应定期消毒，及时清理粪便，采用生物热消毒法杀灭虫体和虫卵；运动场和鸭舍可采用 0.015% 的溴氰菊酯喷洒，或生石灰、漂白粉等消毒，以杀灭中间宿主；散养鸭定期驱虫，每年可进行 2~3 次，驱虫后两天内要彻底清除粪便并进行无害化处理。

（2）治疗 发病后可用伊维菌素、左旋咪唑等驱线虫药治疗。左旋咪唑按每千克体重 20~30 毫克拌料，一次饲喂。伊维菌素按每千克体重 20~30 毫克内服或皮下注射。饲料中增加蛋白质和维生素含量。

3. 鸭毛细线虫病

简介

鸭毛细线虫病是由毛首科毛细线虫属的多种线虫寄生于鸭消化道引起的一种寄生虫病，我国各地均有发生，感染严重时可导致鸭死亡。

病原与流行特点

病原主要为鸭毛细线虫和鹅毛细线虫，寄生于鸭的小肠或盲肠。两种毛细线虫不需要中间宿主，虫卵随鸭粪便排出体外，在22~27℃外界适宜环境中，发育成感染性虫卵，鸭吞食后感染发病。

1~3月龄雏鸭发病率高，本病一年四季均可发生，病鸭体内夏季虫体数量较多，冬季较少。

临床症状

病鸭精神萎靡，食欲不振，两翅下垂；消化功能紊乱，腹泻，后期排泄物中有黏液；消瘦、贫血，最终衰竭而死。

病理变化

肠黏膜肿胀、增厚、充血、出血，黏膜表面覆盖有絮状渗出物或脓性黏液，严重者坏死、脱落。

诊断要点

（1）临床特征　消化功能紊乱，腹泻，后期排泄物中有黏液。

（2）剖检病变　肠黏膜肿胀、增厚、充血、出血，表面有絮状渗出物或脓性黏液。

防控措施

（1）做好鸭舍及外周环境卫生消毒工作 及时清除粪便，堆积发酵，杀灭虫卵。鸭群定期进行预防性驱虫。

（2）治疗 左旋咪唑按每千克体重 20 ~ 30 毫克，拌料一次内服。甲苯咪唑按每千克体重 70 ~100 毫克，拌料一次内服。甲氧啶按每千克体重 200 毫克，配成 10% 溶液，皮下注射或口服，24 小时后大多数虫体会排出。

4. 鸭龙线虫病

简介

鸭龙线虫病又称为鸭腮丝虫病，是由龙线虫科鸟蛇属的台湾鸟蛇线虫寄生于鸭皮下组织引起的线虫病，感染率高，严重者造成死亡，对鸭养殖业危害较大。

病原与流行特点

台湾鸟蛇线虫成虫寄生于鸭的皮下结缔组织中，缠绕似线团，并形成如小指头至拇指头大小的结节。近年来在四川发现一种四川鸟蛇线虫，寄生于鸭下颌、后腿等处的皮下结缔组织，危害严重。

本病主要侵害 3~8 周龄雏鸭，剑水蚤为中间宿主，在有剑水蚤的水域放牧鸭群易感染发病。本病的发生与气温、湿度密切相关，福建、台湾、湖南、广东、广西等地多发。

临床症状

病鸭消瘦，食欲下降，不愿采食，生长缓慢，颈部、下颌、大腿外侧的皮肤可见黄豆至鸽子蛋大小的肿块，触按柔软，似棉球弹性感。严重者整个头部肿胀，舌外伸；眼部肿块可导致失明；腿部肿块导致行走困难。

病理变化

患处皮肤和皮下组织呈红色，有时可见黄色胶冻样渗出物。剖检肿块可拉出形似一团白色粗线的虫体，紧密缠绕。

诊断要点

（1）临床特征　皮肤可见黄豆至鸽子蛋大小的肿块，触按柔软，似棉球弹性感。

（2）剖检病变　剖检肿块可拉出形似一团白色粗线的虫体，紧密缠绕。

防控措施

（1）做好鸭舍和水面清洁消毒工作　污染场所用生石灰消毒，杀灭中间宿主。

（2）治疗　用 0.1% 的高锰酸钾涂擦患处，3~5 天伤口愈合。0.3% 的碘液 0.5~1.5 毫升或 0.2% 的碘液 0.5~1 毫升注射治疗。阿苯达唑按每千克体重 25 毫克拌料，一次内服，严重者 3 天后再喂一次，1 周后恢复。

七、鸭虱病

简介

鸭虱病是由昆虫纲、食毛目的多种虱寄生于鸭耳、头、颈、翅等部位的一种体表寄生虫病，雏鸭生长发育缓慢，产蛋鸭产蛋率下降，严重危害鸭养殖业。

病原与流行特点

寄生于鸭体表的虱有多种，常见的有圆鸭啮羽虱、鹅啮羽虱、鸭巨毛虱、鹅巨毛虱等。鸭虱主要通过直接接触传染，偶有附着在虱蝇等寄生性昆虫上，传播很快，整群传染。鹅虱以啮食羽毛和皮屑为生，也吞食鸭皮肤损伤部位的血液。母鸭抱窝、舍地潮湿时，耳内常生虱。鸭舍小、拥挤、卫生条件差等易诱发本病。鸭绒毛浓密，体表温度较高，也易感本病。本病一年四季均可发生，冬、春季节多发。

临床症状

病鸭瘙痒不安，精神沉郁，食欲不振，贫血消瘦，羽毛脱落，皮肤发炎，有的皮肤裸露。雏鸭生长发育迟缓，公鸭不健壮，母鸭产蛋率下降。翻开鸭耳旁羽毛，可见耳内有黄色虱子，甚至全身毛根下、皮肤上都有黄色虱子。

诊断要点

临床特征：病鸭瘙痒不安，羽毛脱落，皮肤发炎，有的皮肤裸露；鸭身上有黄色虱子。

防控措施

（1）采取严格饲养管理和卫生消毒措施　做好鸭舍、运动场和器具的消毒，防止野禽和鸭接触，绝不能将带虱鸭放入健康鸭群。新引进鸭群应严格检疫。

（2）治疗　鸭场彻底清扫和消毒，用0.03%的除虫菊酯或2%~3%的氢氧化钠喷洒墙壁、地面、饮水器、料槽等，或采用火焰消毒法。用0.3%的杀灭菊酯夜间喷洒鸭体羽毛表面。若感染严重，可按每千克体重0.2毫克伊维菌素皮下注射，出栏前28天停药。

鸭病类症鉴别与诊治彩色图谱

第五章
营养代谢病

一、脂肪肝综合征

简介

脂肪肝综合征又称为脂肪肝出血综合征或脂肝病，是以病鸭个体肥胖、产蛋率下降、肝脏脂肪变性或破裂出血为特征的一种营养代谢病。

病因

鸭发生脂肪肝综合征的主要原因包括以下几方面：

（1）营养因素 饲喂高能低蛋白质饲料是导致脂肪肝综合征发生的主要原因。饲料中缺乏胆碱、蛋氨酸、生物素、B族维生素、维生素E、肌醇等中性脂肪合成磷脂所必需的因子，也能造成大量脂肪沉积于肝脏。

（2）有毒物质 饲料、垫料、饮水等含黄曲霉毒素，或鸭群饲喂某些抗生素，如四环素类药物等，易导致肝脏损伤，引起脂肪肝综合征。

（3）饲养管理 环境温度升高、运动不足等使鸭群能量消耗减少，过多的能量转化为脂肪，引起脂肪在肝脏中沉积。

（4）遗传因素 鸭的品种不同，肝脏脂肪含量差异很大，高产品系鸭更容易发生脂肪肝综合征。

临床症状

产蛋鸭在产蛋高峰期易发。发病鸭群营养良好，过度肥胖，行走迟缓，不愿下水。产蛋鸭产蛋率下降，有的停止产蛋。少数病鸭常因肝脏破裂而急性死亡。

本病夏季多发。

病理变化

剖检可见肌肉苍白，皮下脂肪多。心脏、肝脏、肾脏、肌胃和肠系膜等周围均有大量脂肪沉积。肝脏病变最明显，肝脏呈黄色油脂状，肿大、出血或充血，质地柔软、较脆，甚至呈糊状，有时表面有散在出血斑点。有时肝脏破裂出血，肝脏周围或表面附着较大凝血块，腹腔内有大量凝血块。

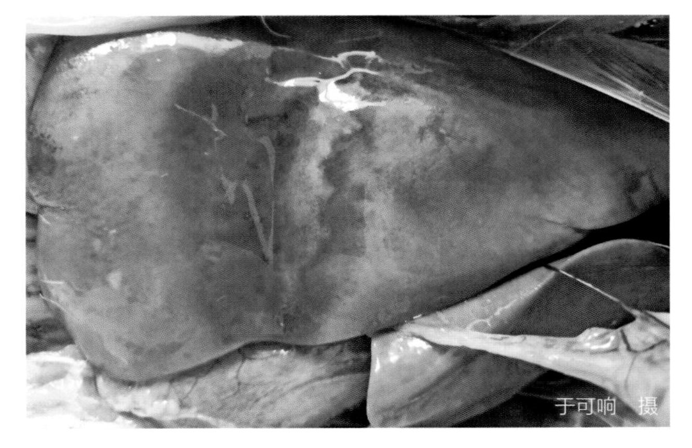

肝脏呈黄色油脂状，肿大、出血

诊断要点

（1）临床特征　病鸭肥胖，懒动，产蛋率下降，常突然死亡。

（2）剖检病变　肝脏呈黄色油脂状，肿大、出血。

防控措施

（1）加强饲养管理，合理调配饲料　日粮应根据不同品种、产蛋率科学配制，饲料中添加适宜胆碱、蛋氨酸、维生素 E、B 族维生素等因子，禁用霉变饲料。保持鸭舍清洁卫生，鸭群饲养规模适宜，扩大活动场地，增加鸭群活动量。

（2）治疗　发病鸭群应降低饲料中高能量饲料比例，实行限饲。每千克饲料中添加 1 克氯化胆碱、12 毫克维生素 B_2、900~1000 克维生素 E 和肌醇，连续饲喂 15 天，或每只鸭喂服 0.1~0.2 克氧化胆碱，连续服用 10 天。

二、痛风

简介

痛风是由于鸭体内蛋白质代谢障碍，尿酸产生过多或排泄障碍，以尿酸盐形式沉积于各脏器表面、关节腔及周围组织而造成的一种代谢性疾病。

病因

本病发生原因比较复杂，常见病因包括以下几方面：

（1）饲喂过量高蛋白质饲料 日粮中蛋白质含量过高，尤其是富含核蛋白和嘌呤碱，是鸭痛风发生的主要原因。此类饲料主要包括动物内脏、肉粉、鱼粉、豆类等。

（2）饲喂高钙低磷饲料 日粮中钙水平过高，易发生高钙血症，低磷加剧高钙。高钙血症可引起肾组织钙化和肾小管堵塞，造成尿酸排泄障碍，引起痛风。

（3）传染性因素 具有嗜肾性、能引起肾脏机能损伤的病原微生物，都可引起肾脏损伤，导致痛风发生。

（4）中毒性因素 嗜肾性化学毒物如汞、铅、铬、钠、铊等重金属，磺胺及抗生素等药物，霉菌毒素如黄曲霉毒素、棕色曲霉毒素、镰刀菌毒素等，可直接损伤肾脏，引起肾脏机能障碍导致痛风。

（5）维生素A缺乏 日粮中长期缺乏维生素A，会引起肾小管、输尿管上皮化生和角质化，导致代谢障碍，尿酸排泄受阻，引起痛风。

（6）饲养管理不当 鸭舍拥挤、潮湿，鸭群缺乏运动、饮水不足，长途运输等常诱发本病。

临床症状

根据尿酸盐在体内沉积部位不同，痛风可分为内脏型痛风和关节型痛风。

（1）内脏型痛风　1~2 周龄雏鸭多发，青年鸭或成年鸭也发生。病鸭食欲减退，逐渐消瘦，精神委顿，羽毛松乱，活动无力，喜卧不愿下水；腹泻，排白色、半黏液状稀便，含有大量尿酸盐；泄殖腔松弛，收缩无力。病鸭死亡率高。

（2）关节型痛风　青年鸭或成年鸭多发，病鸭趾关节、跗关节有不同程度肿胀，触之较硬，常跛行或不能站立，严重者瘫痪。部分严重病例翅、腿部关节显著变形。

病理变化

（1）内脏型痛风　肾脏肿大、苍白，肾小管蓄积尿酸盐，形成红白斑驳的花斑肾。输尿管变粗，充满白色尿酸盐或形成尿酸盐结石。心脏、肝脏、脾脏、胃、肠系膜等内脏器官或组织表面布满白色石灰粉样尿酸盐。

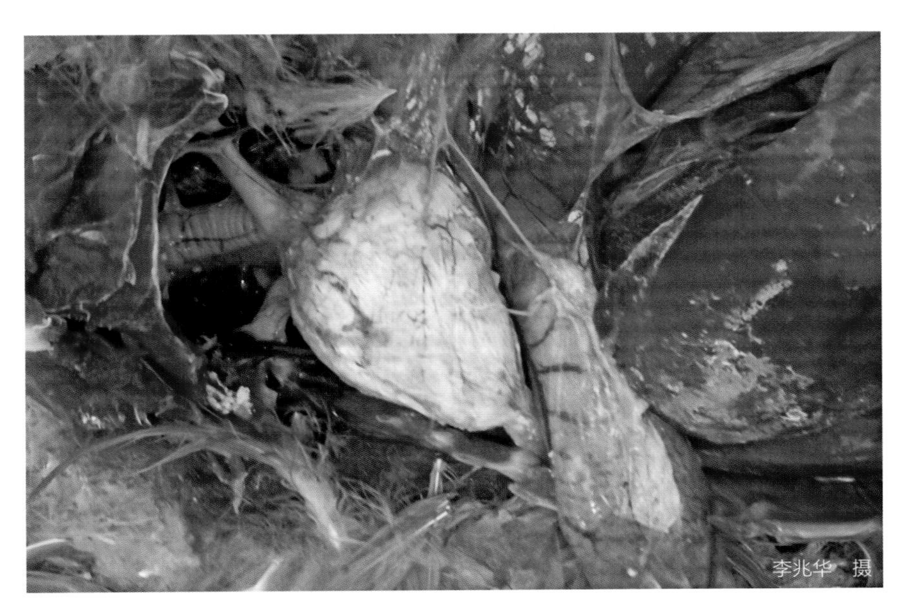

心脏表面布满白色石灰粉样尿酸盐

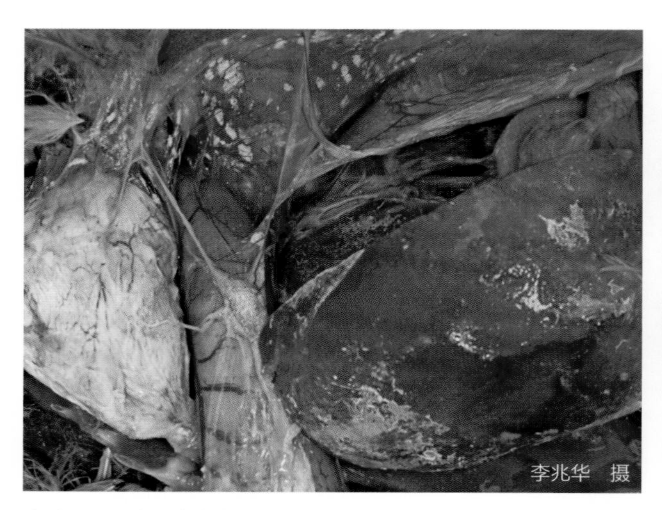

心脏、肝脏表面有白色尿酸盐沉积

肾脏、输尿管肿大，充满白色尿酸盐

肾脏、输尿管肿大，沉积白色尿酸盐

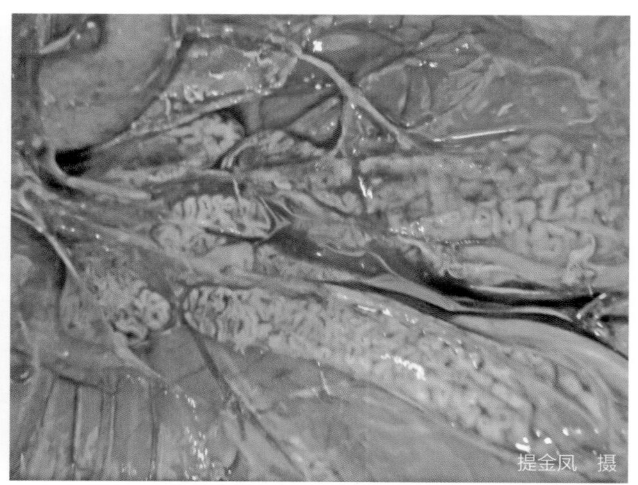

肾脏肿大，充满白色尿酸盐

（2）关节型痛风　切开肿胀关节，关节腔中有白色石灰乳样尿酸盐附着。

关节型和内脏型痛风常混合发生。

诊断要点

（1）内脏型痛风

1）临床特征：腹泻，排出白色、半黏液状稀便，含有大量尿酸盐。

2）剖检病变：内脏器官表面、肾脏、输尿管内有白色尿酸盐沉积。

（2）关节型痛风

1）临床特征：病鸭趾关节、跗关节肿胀，触之较硬，常跛行或不能站立，严重者瘫痪。

2）剖检病变：关节腔中有白色石灰乳样尿酸盐附着。

防控措施

（1）合理配制饲料　不宜过多饲喂高蛋白质饲料，日粮中钙磷比例合适，适当添加维生素A，避免饲料霉变，保证充足饮水。慎用对肾脏有损害的药物，如磺胺类药物、庆大霉素等。

（2）加强饲养管理　适当增加鸭群运动量，保持鸭舍卫生清洁，及时通风换气、清理粪便，降低饲养密度等。

（3）治疗　查明病因，去除病因。降低饲料中蛋白质含量，补充维生素A和多种维生素，调节钙、磷比例，提供充足饮水，同时使用肾脏解毒药或利尿药。饮水中添加小苏打（碳酸氢钠），促进尿酸盐排出。

可选择下列任何一种药物，缓解病情。阿托方口服，每次每千克体重0.2~0.5克，每天2~3次，连用3~5天。丙磺舒拌料喂服，每天每只10~20毫克，连用3~5天。注射维生素B_1，每只肌内注射5毫克，每天1次，连用3~5天。

三、维生素缺乏症

1. 维生素 A 缺乏症

简介

维生素 A 具有维持动物上皮组织的完整性、维持正常视觉、提高繁殖力和免疫功能、维持骨骼正常生长和修复等作用。鸭缺乏维生素 A 的主要症状是眼干燥症、夜盲症和器官黏膜损伤等。

病因

1）饲料中维生素 A 或其前体胡萝卜素（维生素 A 原）添加量不足。

2）饲料调制、加工、贮存不当，如饲料存放时间过长、霉变、烈日暴晒等。

3）日粮中蛋白质、脂肪、维生素 E 含量不足，影响维生素 A 的溶解和吸收。

4）慢性消化道或肝脏疾病造成维生素 A 吸收障碍。

临床症状

（1）雏鸭缺乏维生素 A 早期表现为食欲不振，生长缓慢甚至停滞，消瘦，羽毛蓬乱，行动迟缓，腿软无力；喙与脚蹼颜色变浅，部分角质层脱落。特征性症状为畏光流泪，眼睑肿胀，内有干酪样物质，将上下眼睑粘在一起，角膜混浊，严重者失明。

（2）成年鸭缺乏维生素 A 多呈慢性经过，主要表现为消瘦，衰弱，羽毛蓬乱；脚蹼、喙部黄色素变淡，甚至完全消失呈苍白色。产蛋鸭产蛋率下降。

（3）种鸭缺乏维生素A 产蛋率下降，蛋壳颜色变浅，受精率和孵化率降低。公鸭精液品质下降。病鸭眼、鼻有分泌物。

病理变化

病鸭鼻腔、口腔、咽、食管、食管膨大部等的黏膜上皮增生和角质化，表面有许多散在的白色结节、坏死灶。严重病例，结节增大，融合后呈片状，或黏膜表面形成一层灰黄色的假膜。心脏、肝脏、脾脏、肾脏及胸膜等器官表面有尿酸盐沉积，其中肾脏最明显。肾脏肿大、苍白，肾小管充满白色尿酸盐，输尿管扩张，内有白色尿酸盐沉积。

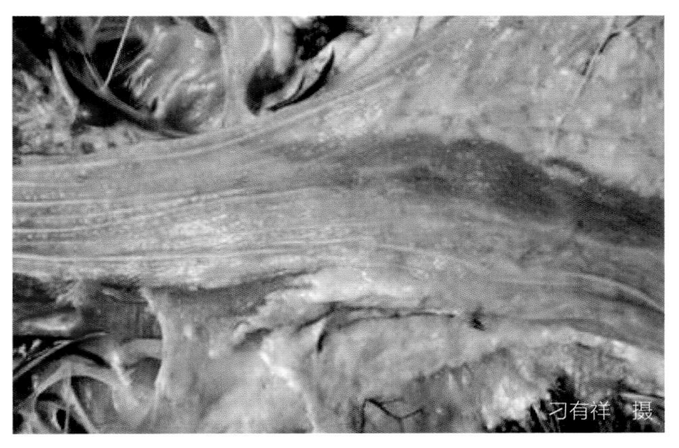
刁有祥 摄

食管黏膜表面有白色结节、坏死灶

诊断要点

（1）临床特征 生长不良，眼睑肿胀，严重者失明。产蛋率下降，受精率和孵化率降低。

（2）剖检病变 鼻腔、口腔、咽、食管、食管膨大部的黏膜表面有许多白色结节、坏死灶。

防控措施

（1）加强饲养管理，合理配制饲料 优化日粮配方，供给全价饲料，添加足量维生素A；配制饲料最好现配现喂，不宜长期存放，防止维生素A被破坏；完善饲喂制度，勤添少加，不留剩料，防止维生素A或胡萝卜素被氧化。维生素A的添加不可过量，肉鸭1~12周龄日粮中维生素A添加剂量为每千克6000~7000国际单位。

（2）**治疗** 每千克日粮中添加7000~200000国际单位维生素A，或每千克日粮中添加5毫升鱼肝油，拌料，连续饲喂1周；或雏鸭每只滴服0.5毫升鱼肝油，成年鸭1.0~1.5毫升，每天3次；或每千克体重皮下注射400国际单位维生素A。对于眼部病变，可用小镊子清除分泌物，再用3%的硼酸溶液冲洗，每天1次，再配合以上治疗方法。

症状严重的病鸭建议淘汰。

2. 维生素B_1缺乏症

简介

维生素B_1又称为硫胺素或抗神经炎素。鸭维生素B_1缺乏症又称为鸭多发性神经炎，主要导致碳水化合物代谢障碍和多发性神经炎。

病因

1）供给量不足。长期饲喂缺乏维生素B_1的饲料，如糠麸类。

2）饲料中维生素B_1被破坏。饲料中添加的防霉剂、碱性物质、某些矿物质等成分可破坏维生素B_1，霉变、高温或长期贮存等也可破坏维生素B_1。

3）饲料中含有维生素B_1拮抗物。如鱼、虾和软体动物体内含有的可分解维生素B_1的硫胺素酶，棉籽、油菜籽、大豆、大豆制品等含有的维生素B_1拮抗因子，某些药物如氨丙啉等，均可造成维生素B_1破坏或缺乏。

4）慢性胃、肠道疾病，肠道寄生虫病等，可导致维生素B_1吸收和利用率降低。

临床症状

（1）雏鸭 病初表现精神沉郁，食欲下降，生长不良，羽毛松乱，步态不稳等一般性症状。随着病程发展，出现典型神经症状，头偏向一侧，歪头、扭脖，或抬头呈观星状，最后抽搐，呈角弓反张，倒地死亡。若雏鸭在水中发病，颈肌会突然麻痹，头颈向背后弯曲，不断在水中打转，最终衰竭或突然翻转死亡。

（2）成年鸭 发病较慢，约3周后才出现症状。表现食欲下降，羽毛松乱，步态不稳等。种鸭产蛋率下降，孵化过程死胚增加，雏鸭出壳不久易出现维生素 B_1 缺乏症，死亡率上升。

病理变化

皮下水肿，有浅黄色胶冻样渗出物，心脏轻度萎缩，右心扩张，肾上腺肥大，生殖器官萎缩，睾丸比卵巢萎缩更明显。

诊断要点

（1）临床特征 雏鸭多发，神经症状明显，歪头、扭脖，或抬头呈观星状。

（2）剖检病变 皮下水肿，有浅黄色胶冻样渗出物，生殖器官萎缩，睾丸比卵巢萎缩更明显。

防控措施

1）加强饲养管理，控制饲养密度，减少应激，搞好鸭舍卫生和消毒工作。

2）饲料中添加充足的维生素 B_1。使用新鲜饲料，防止饲料发霉；避免长期使用对维生素 B_1 有拮抗作用的药物，如嘧啶环、噻唑药物等；气温高时加大维生素 B_1 添加量；预防慢性胃肠道疾病的发生。

3）治疗。病鸭通过拌料给药，每千克饲料添加10~20克维生素B_1粉，连用7~10天；或饮水中添加复合维生素B溶液。重症病例肌内注射维生素B_1注射液，每只注射量为0.5毫升，1~2次可康复。

3. 维生素B_2缺乏症

简介

维生素B_2又称为核黄素，鸭缺乏时主要以趾爪向内蜷曲、两腿瘫痪为主要特征。

病因

1）饲料单一、维生素B_2含量不足。玉米、豆粕、小麦等禾谷类饲料中，维生素B_2含量极低，以禾谷类饲料为主食的鸭群，若未及时补充维生素B_2易发生本病。饲料贮存不当，尤其是被暴晒或遇碱性物质时，饲料中的维生素B_2会被破坏。长期饲喂高脂肪、低蛋白质饲料，机体对维生素B_2的需求量增加。

2）环境温度不适宜或应激状态时，机体对维生素B_2的消耗量增多，若不补充，易造成缺乏。

3）胃、肠、肝脏、胰腺等患有疾病，影响维生素B_2的吸收、转化，易引起维生素B_2缺乏症。

临床症状

2周龄至1月龄雏鸭多发，病鸭生长缓慢，衰弱消瘦，羽毛卷曲，蓬乱无光泽。严重者趾爪向内蜷缩，呈握拳状，不能站立，行走困难，常以胫跖关节着地，腿部肌肉萎缩，两腿瘫痪。种鸭产蛋率、孵化率下降，死胚增加，弱雏增多。

病理变化

病鸭内脏器官没有明显变化，肠壁变薄，肠道内充满泡沫样内容物；坐骨神经和臂神经肿大、增粗、弹性差，有时直径是正常值的4~5倍，坐骨神经变化最显著。

诊断要点

（1）**临床特征**　趾爪向内蜷缩，呈握拳状，两脚瘫痪。

（2）**剖检病变**　坐骨神经和臂神经肿大、增粗。

防控措施

（1）**加强饲养管理，配制全价日粮**　鸭饲料中添加富含维生素 B_2 的青绿饲料、酵母、鱼粉等或添加复合维生素B，防止本病的发生。可以在雏鸭、种鸭日粮中补充维生素 B_2，建议雏鸭每千克饲料添加3.6毫克，育成鸭添加1.8毫克，种鸭添加2.2~3.8毫克。

（2）**治疗**　及时调整日粮配方，每千克饲料添加10~20毫克维生素 B_2，连用1~2周。症状明显的病例可用维生素 B_2 针剂注射或口服，成年鸭每只5毫克，雏鸭每只3毫克，连用3~4天。重症病例疗效不佳，应及时淘汰。

4. 维生素D缺乏症

简介

维生素D又称为钙化醇，是家禽骨骼、喙及蛋壳形成的必需物质，影响钙、磷代谢。日粮中维生

素D缺乏、光照不足或消化吸收障碍等均可导致本病发生，临床上以生长发育迟缓，骨骼变软、变形，运动障碍，产蛋率下降，产软壳蛋和薄壳蛋为特征。

病因

1）饲料配制不当。饲料中维生素D添加量不足，或日粮中钙、磷比例失调，维生素D的需求量随日粮中钙、磷总量与比例不同而变化。饲料中脂肪含量不足，影响维生素D的吸收。

2）舍饲条件下，鸭缺乏运动和阳光照射，使自身皮肤中的维生素D原不能转化为维生素D。

3）饲料贮存时间太长，维生素D被破坏。

4）疾病、用药因素。机体存在消化道、肝脏疾病，影响维生素D的吸收、转化和利用。长期使用磺胺类药物，或饲料中的霉菌、重金属中毒等使维生素D合成发生障碍。

临床症状

1~6周龄雏鸭和产蛋高峰期的成年鸭多发。

（1）雏鸭缺乏维生素D 发病雏鸭生长发育受阻，两腿无力，跛行，步态不稳，严重者不能站立，常蹲伏于地面。鸭喙颜色变浅，质软、易弯曲变形，采食困难。关节肿大，胫骨增生。腹泻，排灰白色水样稀便。

（2）成年鸭缺乏维生素D 成年鸭主要表现食欲降低、异食，行走无力，喙、爪变软、变形，腹泻。

（3）产蛋鸭缺乏维生素D 产蛋鸭病初产薄壳蛋、软壳蛋和无壳蛋，随后产蛋率下降，孵化率降低，严重时产蛋停止。两腿软弱无力，常呈“企鹅状”蹲伏姿势。

病理变化

1）雏鸭特征性病变是肋骨与椎骨连接处、肋骨内侧面有白色球状结节，呈串珠状，俗称肋骨串珠。胸骨、肋骨钙化不良、变脆，肋骨内陷，呈“S”状扭曲。

2）成年鸭肋骨与椎骨连接处有球状结节，肋骨沿胸廓呈向内的弧形。

3）各日龄病鸭均可见龙骨呈不同程度的“S”形，这种变化多呈永久性病变。

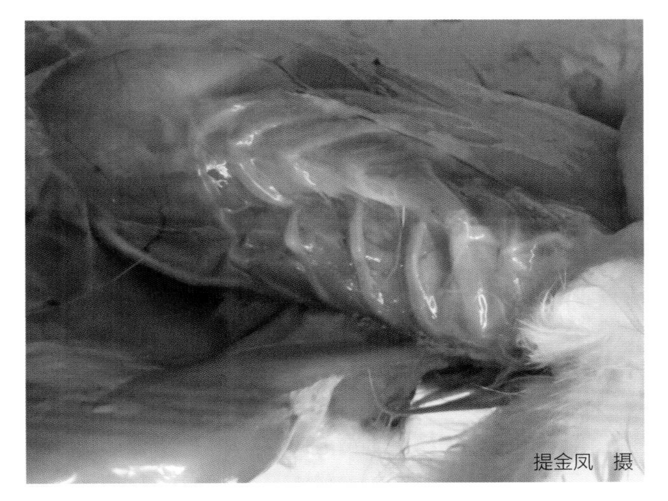

肋骨内陷，呈“S”状扭曲

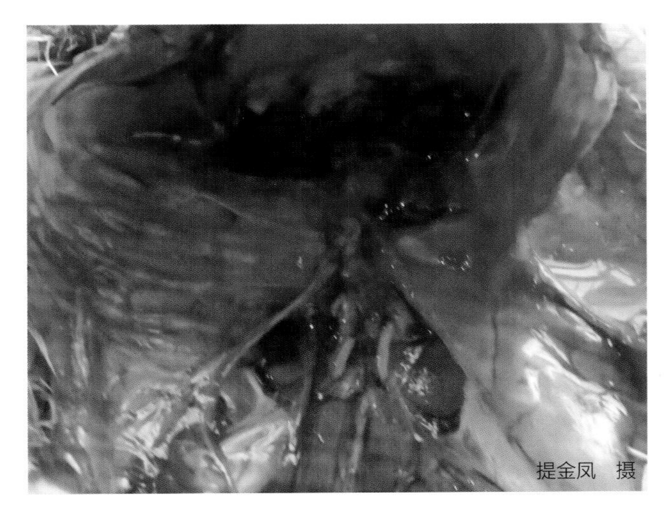

肋骨内侧面有白色球状结节

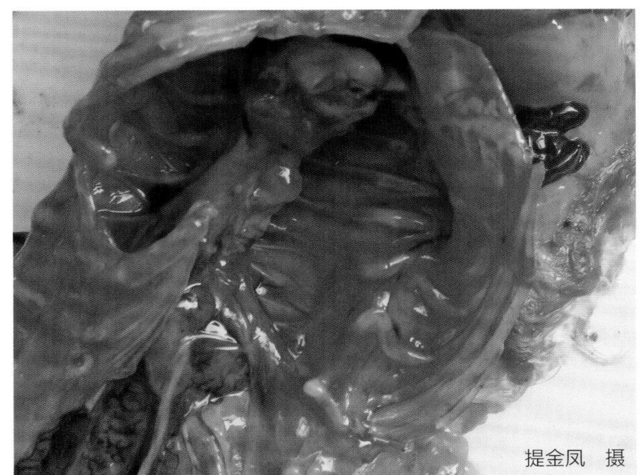

肋骨内陷

诊断要点

（1）临床特征 雏鸭喙质软、易弯曲变形，关节肿大。成年鸭喙、爪变软、变形。产蛋鸭病初产薄壳蛋、软壳蛋和无壳蛋，产蛋率下降，两腿无力，常呈“企鹅状”蹲伏姿势。

（2）剖检病变 肋骨与椎骨连接处、肋骨内侧面有白色球状结节，呈串珠状；肋骨内陷，呈“S”状扭曲。龙骨呈不同程度的“S”形。

防控措施

1）合理配制饲料，保证饲料中维生素 D 的含量，钙磷总量与比例要适宜，保证足量的蛋白质；饲料不宜贮存过久，储存时间较长时应适当补充维生素 D。多饲喂新鲜青绿饲料或谷类饲料。

2）加强饲养管理，注意预防慢性胃肠道疾病、肝脏和肾脏疾病的发生；使用磺胺类药物或饲料中脂肪水平较低时应适当增加维生素 D。

3）治疗。雏鸭发病时，可每只一次性饲喂 15000 国际单位维生素 D，或每只滴服浓缩鱼肝油 2~3 滴，每天 2 次。大群发病可用维生素 AD 粉或浓缩鱼肝油拌料，每吨饲料 500 克，连用 7~10 天，同时注意钙磷总量和比例。

5. 硒和维生素 E 缺乏症

简介

硒和维生素 E 缺乏会导致机体抗氧化机能障碍，从而引起生长发育、繁殖等机能障碍，以脑软化症、渗出性素质和肌肉营养不良三种症候群为特征。

病因

维生素 E 又称为生育酚，和硒作用相似，两者相互联系，有协同作用。维生素 E 缺乏，会诱发硒缺乏。如果饲料中硒严重不足，也影响维生素 E 的吸收。

1）供给量不足。维生素 E 在植物种子及植物油中含量丰富，青绿饲料中含量也较高。当饲料中缺乏上述物质而又未注意适当补充时，易引发维生素 E 缺乏症。

2）饲料加工不当或贮存时间过长。维生素 E 为脂溶性维生素，饲料加工调制不当，或长期贮存，发霉或酸败，或因饲料中不饱和脂肪酸过多等，均可使维生素 E 遭受破坏，活性降低。

3）饲料搭配不当，营养成分不全。饲料本身含硒不足（地方性缺硒或玉米来源于缺硒地区），或硒添加不足。饲料中缺乏蛋白质、某些必需氨基酸、维生素 A、B 族维生素、维生素 C 等，均可诱发和加重硒和维生素 E 缺乏症。

4）慢性胃、肠道疾病及球虫病，可导致维生素 E 的吸收利用率降低，从而导致本病发生。

5）环境中铜、钼、镉、汞等金属元素与硒之间有拮抗作用，能干扰硒的吸收和利用。

临床症状

临床上以脑软化症、渗出性素质、肌肉营养不良为主要症状。

（1）脑软化症　雏鸭以运动失调或全身麻痹为特征，主要表现为共济失调，行走蹒跚或不愿走动。病鸭头向下或向后弯曲挛缩，两腿阵发性痉挛抽搐，麻痹无力。随着病情发展，病鸭头向后仰，呈观星状，翅、腿麻痹，最终衰竭而死。

（2）渗出性素质　3~6 周龄雏鸭多发，翅下、胸部、腹部、腿部的皮肤可见黄豆至拇指大的蓝紫色斑块，皮下积有黄绿色胶冻样液体，若皮肤破裂或穿刺，可见蓝绿色液体流出；喙尖和脚蹼发紫。

（3）肌肉营养不良　又称为白肌病，4 周龄左右雏鸭多发。病鸭精神沉郁，食欲减退，消瘦，贫血，行走无力，站立不稳。病程后期腿脚麻痹，共济失调，倒地抽搐而死。

病理变化

（1）脑软化症 小脑柔软肿胀、脑回平展，脑膜水肿，表面有出血点。脑内出现局灶性黄绿色坏死区和大小不等的凹陷。

（2）渗出性素质 头颈部、胸部、腹部等皮下广泛性水肿，有蓝绿色或紫红色黏性液体，胸、腿部肌肉有出血点。

（3）肌肉营养不良 全身的骨骼肌营养不良，胸肌、腿肌、心肌最明显，色泽苍白，有灰白色条纹状坏死。心包积液，肝脏呈黄白色。

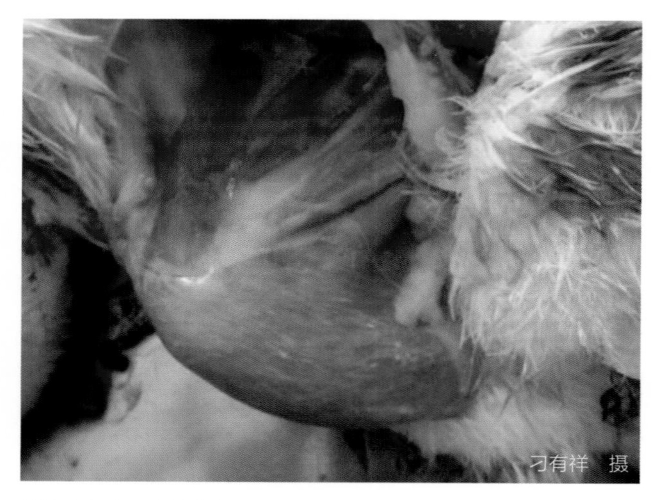

腿肌有灰白色条纹状坏死

诊断要点

（1）脑软化症

1）临床特征：雏鸭多发，运动失调或全身麻痹。

2）剖检病变：小脑柔软肿胀，脑膜水肿，表面有出血点。

（2）渗出性素质

1）临床特征：翅下、胸部、腹部、腿部皮肤有蓝紫色斑块，皮下有黄绿色胶冻样液体。

2）剖检病变：头颈部、胸部、腹部等皮下广泛性水肿，有蓝绿色或紫红色黏性液体，胸、腿部肌肉有出血点。

（3）肌肉营养不良

1）临床特征：4 周龄左右雏鸭多发，消瘦，贫血，共济失调。

2）剖检病变：胸肌、腿肌、心肌色泽苍白，有灰白色条纹状坏死。

防控措施

（1）加强饲养管理，注意饲料搭配　多饲喂青绿饲料、谷物，严禁饲喂霉变、腐败的饲料。还可在饲料中添加足量的复合维生素、硒、含硫氨基酸，并加入抗氧化剂，防止维生素 E 被破坏。每千克饲料中添加 250 国际单位维生素 E 和 2.5 毫克硒具有良好的预防效果。

（2）加强饲料储存、运输　饲料应放置在通风干燥处，自配料应现配现喂。饲料不宜长期存放，避免高温、潮湿或霉变污染。

（3）治疗　对于发病鸭，每只喂服 300 国际单位维生素 E，同时每千克饲料补充 0.05~0.1 毫克硒制剂，或注射 0.005% 的亚硒酸钠溶液，或每升饮水中添加 0.1 毫克亚硒酸钠。同时补充蛋氨酸、复合维生素。

四、钙、磷缺乏和失调症

简介

饲料中钙、磷缺乏及钙、磷比例失调是骨营养不良的主要病因，不仅影响家禽骨骼、蛋壳的形成，而且对家禽血液凝固、酸碱平衡、神经和肌肉等正常功能有一定影响。

病因

1）所有引起机体维生素 D 缺乏的原因也都能引起鸭钙、磷缺乏和失调症。

2）日粮中钙、磷总量不足或两者比例失当。鸭对钙、磷的需求量比较大，一旦日粮中钙、磷总量不足，必然引起代谢失调。另外，合理的钙、磷比例有利于两者发挥作用，任一种元素不足或过多都会影响另一种元素的吸收和功能发挥，导致失调症的发生。

3）日粮中矿物质比例不合理，或有其他影响钙、磷吸收的成分存在。日粮中锰、铜、铁、锌等含量过高，可抑制钙的吸收；日粮中草酸盐、植酸盐等成分可影响钙吸收和骨代谢。

临床症状

（1）雏鸭 主要表现为佝偻病，常发生于2月龄以下的雏鸭。病雏鸭生长缓慢，羽毛生长不良，喙、爪柔软易弯曲，影响采食；两脚无力，跗关节肿大，常蹲伏，严重者不能站立甚至瘫痪。

（2）成年鸭 主要表现产薄壳蛋、软壳蛋或无壳蛋，蛋破损率高，产蛋率下降，种蛋孵化率显著降低，死胚增多；腿软无力，常蹲伏于地，不愿走动。

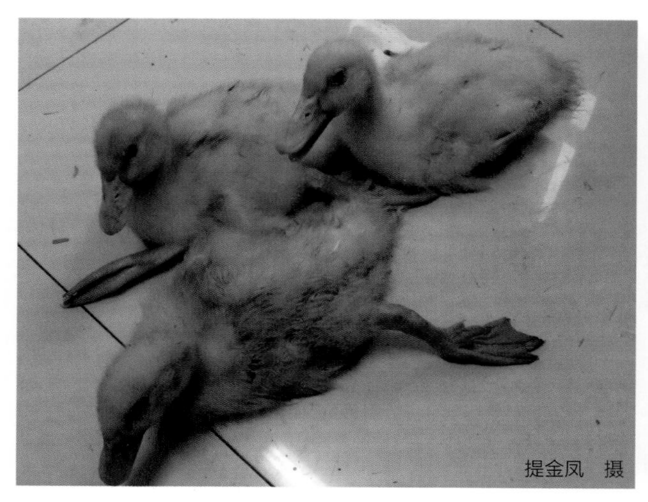

雏鸭两脚无力，不能站立甚至瘫痪

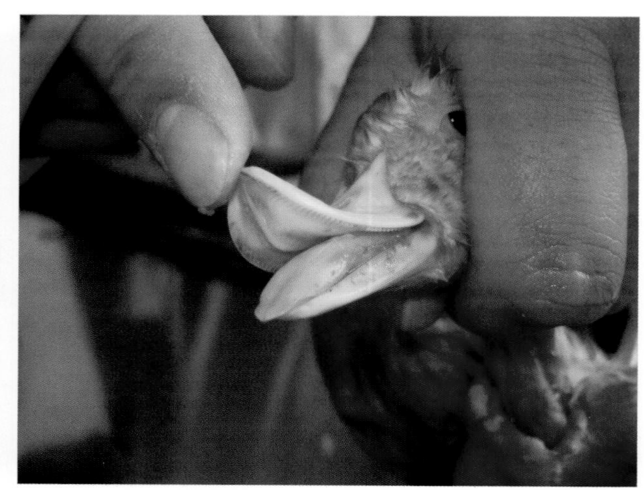

雏鸭喙柔软易弯曲

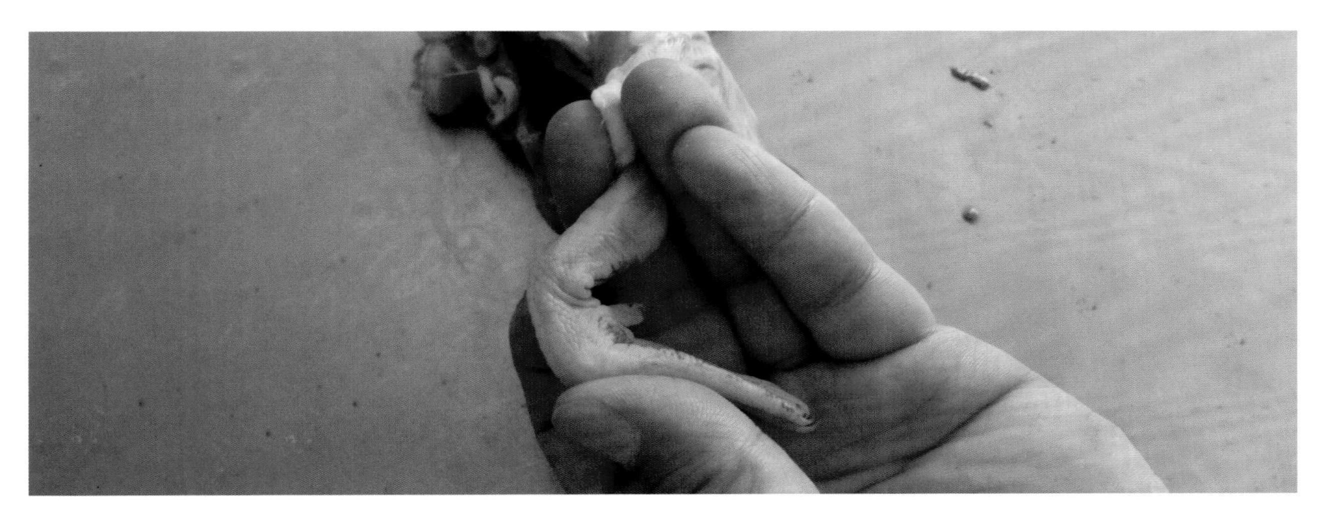

雏鸭爪柔软易弯曲

病理变化

（1）**雏鸭**　肋骨变软或弯曲，骨干内表面有绿豆大、白色球形肿大，排列呈串珠状。脊柱质地轻度变软，增粗弯曲，严重者呈“S”形。胫骨多呈弓形弯曲，骨干增粗，中部多见骨折且呈球状膨大，质硬。

（2）**成年鸭**　可见骨变形，骨表面粗糙不平，骨质疏松，长骨（胫骨和股骨）易折断。

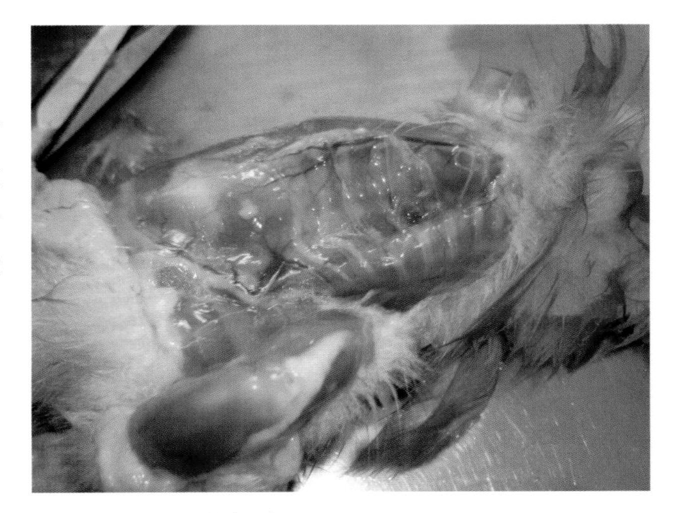

雏鸭肋骨呈弓形弯曲（一）

雏鸭肋骨呈弓形弯曲（二）

雏鸭肋骨呈弓形弯曲，内表面有球形突起，呈串珠状

诊断要点

（1）临床特征 雏鸭喙、爪柔软易弯曲，两脚无力。成年鸭产薄壳蛋、软壳蛋和无壳蛋，产蛋率下降，腿软无力。

（2）剖检病变 病雏鸭肋骨与肋软骨的结合部有明显球形肿大，排列呈串珠状。成年病鸭骨质疏松，长骨易折断。

防控措施

1）合理配制日粮，满足鸭生长和产蛋对钙、磷和维生素 D 的需求，添加比例适当；加强饲养管理，保证鸭群充足的户外运动，获得足够的日光照射。

2）治疗。首先要明确病因，然后采用以下方法治疗。

①饲料中添加鱼肝油，每千克饲料添加鱼肝油 10~20 毫升，同时调整钙、磷比例及用量。

②每只肌内注射维生素 AD 注射液 0.25~0.5 毫升（每毫升含 2.5 万国际单位维生素 A、2500 国际单位维生素 D），每天 1 次，连用 2 天，同时饲料中补充钙、磷。

注意：维生素 D 不可长时间过量添加，防止中毒。

五、锰缺乏症

简介

锰缺乏症又称为滑腱症、骨短粗症，是鸭体内锰含量不足引起的，以生长缓慢、腿部骨骼发育异常、腓肠肌腱向关节一侧脱出、繁殖机能障碍为特征的营养代谢疾病。

病因

1）日粮中锰缺乏。低锰地区土壤中锰含量较低，生长植物中锰含量低，造成日粮中锰含量不足，引起锰缺乏。饲料中烟酸、胆碱、生物素及维生素 B_2、维生素 B_6、维生素 D 等不足，会引起机体对锰的需要量增多，造成锰相对缺乏。饲料中植酸盐、钙、磷、铁、钴可竞争性地抑制锰的吸收，造成锰缺乏。玉米含锰量低，若日粮中玉米比例过高，也会引起本病。

2）鸭患球虫病等胃肠道疾病时，影响对锰的吸收和利用。

临床症状

雏鸭缺锰时，特征症状是生长停滞，骨短粗症；胫跖关节增粗，胫骨下端与跖骨上端向外弯曲扭转，使腓肠肌腱向关节一侧滑动、滑脱，出现脱腱症状；腿部弯曲、骨短而粗，行走困难。种鸭产蛋率和孵化率降低，死胚骨骼发育异常，头呈圆球形，喙短而弯呈特征性“鹦鹉嘴”。即使可以孵出雏鸭，雏鸭生长发育往往停滞。

刁有祥　摄

病鸭腿部弯曲、骨短而粗，行走困难

病理变化

胫跖关节肿大，胫跖骨弯曲、短粗，近端粗大变宽，胫跖骨、跗跖骨关节处皮下有白色较厚的结缔组织。腓肠肌腱移位，从胫跖骨远端两踝滑出，移向关节内侧。

诊断要点

（1）临床特征　病鸭双腿弯曲，以胫跖关节负重，跛行。

（2）剖检病变　胫骨、跖骨短粗，腓肠肌腱滑出。

防控措施

1）合理配制饲料，供给全价饲料，保证锰、胆碱、B 族维生素的添加量。雏鸭每千克饲料中应含锰 50~100 毫克。保持饲料中蛋白质和氨基酸的含量，钙、磷比例及胆碱、叶酸含量适当，多喂新鲜青绿饲料。

2）加强饲养管理，合理控制饲养密度，保证鸭舍通风，防止相对湿度过高。

3）治疗。每千克饲料中添加 0.1~0.2 克硫酸锰，连用数天，或用 0.01%~0.02% 的高锰酸钾溶液饮水，连用 2~3 天，间隔 2 天，再用 2~3 天。同时配合使用氯化胆碱，可在每千克饲料中添加 1 克，适当添加复合维生素。

第六章
中毒病

一、肉毒梭菌毒素中毒

简介

鸭肉毒梭菌毒素中毒又称为软颈病，是由肉毒梭菌 C 型毒素引起的一种急性中毒性疾病，以运动神经麻痹为特征，临床上表现为全身性麻痹，头下垂，软弱无力。

病因

1）饲料中动物性蛋白质如鱼粉、骨粉、血粉等含量较高，极易发生腐败，肉毒梭菌迅速繁殖，毒性增强，导致鸭群中毒。

2）饲料中小苏打（碳酸氢钠）添加量较大，鸭消化道内 pH 升高，有利于肉毒梭菌繁殖，易发生中毒。

3）环境卫生条件差，利于肉毒梭菌繁殖。

4）死亡鸭腐败尸体中肉毒梭菌繁殖迅速，蚊虫、苍蝇、老鼠等携带肉毒梭菌污染饲料，鸭采食或啄食后会中毒。

临床症状

肉毒梭菌毒素中毒以运动神经麻痹为主要特征。临床上根据鸭摄入毒素的量，将其分为急性中毒和慢性中毒两种。急性中毒 1~2 小时即可出现症状，慢性中毒 1~2 天出现症状。病初中毒鸭精神沉郁，食欲废绝，不愿活动；中期中毒鸭表现颈部肌肉、两腿、翅膀麻痹，行动困难，翅膀和头部下垂，不能抬起（软颈病）；后期中毒鸭腹泻，全身痉挛、抽搐，昏迷死亡。

病理变化

中毒鸭肠管内充满气体，极度膨胀，肠壁变薄。肠内容物有腐败的酸臭味，整个肠道充血、出血，十二指肠最严重。少数病例心包积液，心外膜、心冠脂肪出现小出血点。

诊断要点

（1）临床特征　运动神经麻痹，翅膀和头部下垂，不能抬起。

（2）剖检病变　肠炎或肠黏膜出血，肠管内充满气体，肠内容物有腐败的酸臭味。

防控措施

1）加强饲养管理，搞好环境卫生和消毒工作，保持鸭舍通风、清洁、干燥。及时清理鸭舍或周围的动物尸体、粪便、污物等，做好病死鸭的焚烧、深埋等无害化处理。严禁饲喂腐败的肉类、鱼虾、蔬菜、鱼粉等饲料。

2）治疗。鸭群一旦中毒，应立即停饲，将发病和未发病鸭隔离，对死亡鸭进行无害化处理，彻底消毒场地。2% 的碳酸氢钠或 0.02% 高锰酸钾溶液喂服，促进毒素排出。0.01% 的维生素 C 喂服或 2%~ 3% 葡萄糖喂服，连用 4~5 天，护肝解毒。也可选用中药治疗：甘草 5 克、防风 6 克、通心莲 5 克、绿豆 10 克、红糖 8 克，水煎后供 14~18 只病鸭饮用。为防止继发感染，可选用青霉素。

二、黄曲霉毒素中毒

简介

黄曲霉毒素是黄曲霉菌、寄生曲霉菌和软毛曲霉菌的代谢产物，具有较强的肝脏毒性、致癌性和致畸性。中毒的鸭生长速度变慢，饲料转化率降低，生产性能下降，发病率和死亡率升高，给鸭养殖业带来严重的经济损失。

病因

黄曲霉毒素及其衍生物有20多种，根据紫外灯下荧光颜色和结构不同，可分为B族、G族及其衍生物。B族有B_1、B_2和B_{2a}，G族有G_1、G_2和G_{2a}，B_1毒性和致癌性最强。

鸭群采食了发霉变质的饲料，如玉米、谷类、豆类、麦类及其饼类，配合饲料和农副产品等。此外，鸭舍阴暗潮湿、空气污浊、过度拥挤、通风不良等也可诱发本病。

临床症状

任何品种、年龄的鸭均易感，日龄越小越易感。病鸭精神委顿，食欲减退甚至废绝，饮水增加，生长缓慢，羽毛脏乱，排青绿色或白色稀便。腿和脚呈浅紫色或紫黑色，麻痹、跛行，死前出

病鸭精神委顿

现共济失调、角弓反张等神经症状，死亡率可高达40%以上。

病理变化

本病特征性病变在肝脏。肝脏肿大、苍白，表面有网格状病变，散布点状出血斑或灰白色坏死灶，肝脏边缘比较明显。腺胃出血严重，肌胃角质层溃疡、糜烂，呈褐色或黑褐色，有的角质层脱落。肾脏颜色苍白或出血。病鸭颈部、胸部、腹部皮下出血，有的出现浅黄色胶冻样渗出物，胸肌、腿肌出血。肠道黏膜弥漫性充血或出血。慢性中毒者，肝脏多呈浅黄色，有出血点和不规则白色坏死灶。病程较长者，肝脏出现肝癌结节，胆管增生。

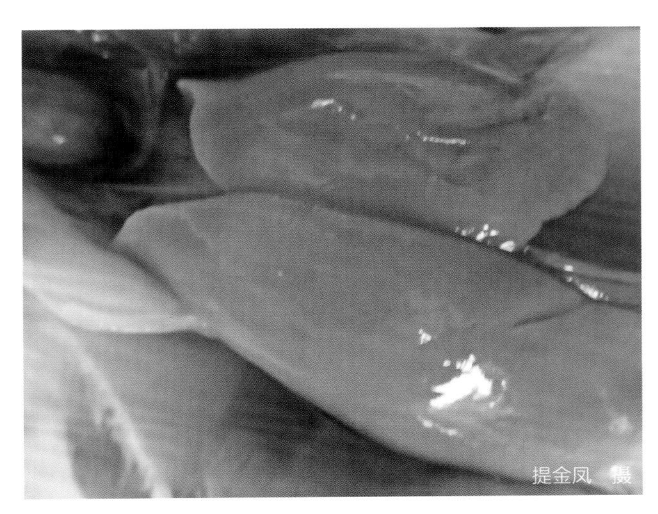

肝脏肿大、苍白

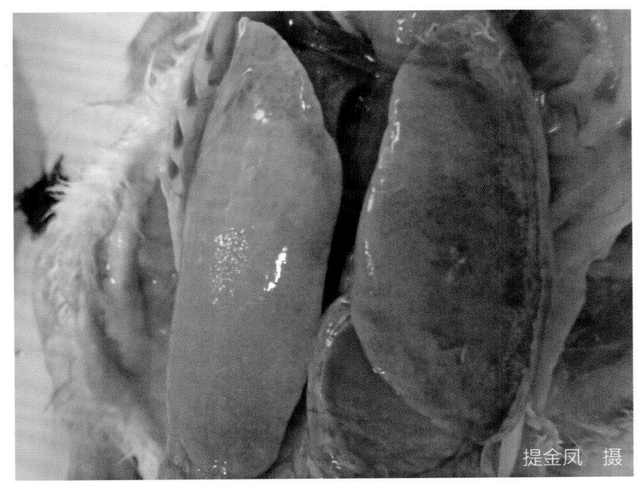

肝脏肿大、苍白，表面有网格状病变

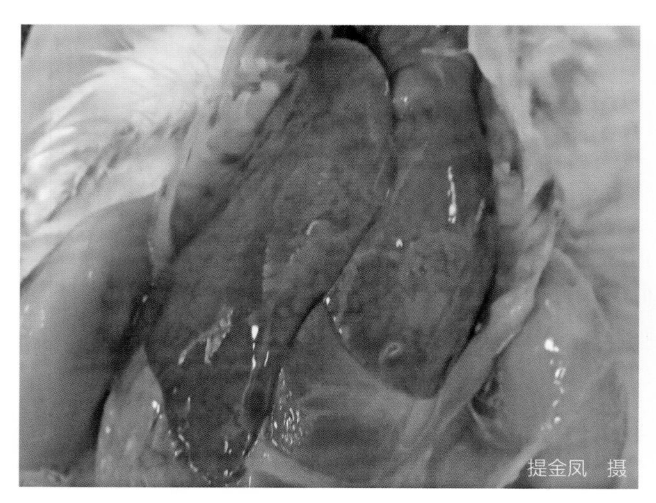

肝脏肿大，表面有网格状病变

腿肌出血

诊断要点

（1）临床特征　腿脚呈浅紫色或紫黑色，麻痹、跛行，死前出现共济失调、角弓反张等。

（2）剖检病变　肝脏肿大、苍白，表面有网格状病变，散布点状出血斑或灰白色坏死灶，病程较长者，肝脏出现肝癌结节。

防控措施

1）防止饲料发霉，禁用发霉饲料。加强饲料在生产、储存、运输、加工过程中的管理，贮藏于通风干燥处。可以向饲料中添加丙酸钙、山梨醇、丙二醇等防霉剂，或加入霉菌吸附剂。

2）轻微霉变的饲料可以通过添加霉菌吸附剂，如蒙脱石、活性炭、生物脱霉剂等，达到防霉脱霉效果。

3）治疗。鸭群出现中毒时，立即停喂发霉变质饲料，更换新鲜饲料，加喂富含维生素的青绿饲料等。增加鸭舍的透光性和通风量，保持鸭舍干燥；对运动场、饲槽、饮水器具等彻底清洗和消毒，将饲喂工具暴晒处理。

中毒早期可尽早服用轻泻剂，如硫酸镁、人工盐等，促进肠道毒素排出。每千克饲料中添加 100 万国际单位制霉菌素，连用 3~4 天。给予鸭群 5% 的葡萄糖饮水，并且每升水添加 0.1 克维生素 C。

三、食盐中毒

简介

食盐的主要成分是氯化钠，是家禽日粮中的必需营养物质。饲料中添加食盐，可以增加饲料的适口性，增进鸭群食欲，还能维持鸭体液渗透压和酸碱平衡。但家禽对食盐比较敏感，如果采食食盐过多，就可引起中毒，甚至死亡。

病因

1）饲料中食盐的添加量超过正常范围。饲料中食盐添加量为 0.2%~0.4%，若饲料中食盐添加量超过 3%，或鸭每千克体重食入 3.5~4.5 克，或饮水中食盐含量达到 0.5% 以上，就会发生中毒。

2）饲料中使用的鱼干、鱼粉含盐量过高。

3）拌料不均匀，饲料中食盐混合不均匀，且采食量过多，会发生中毒。

4）饮水供应不足。

5）超剂量使用口服补液盐，特别是在缺水口渴时饮用口服补液盐。

6）治疗啄癖时用含2%食盐的饲料饲喂2~3天，有一定的防治作用，若饲喂时间过长或饮水不足，就有中毒的危险。

临床症状

食盐中毒时因摄取食盐量的多少而表现不同的临床症状。轻度中毒的病例表现口渴，饮水量异常增多，食欲减退，精神不振，生长发育缓慢。严重中毒的病例表现极度口渴，狂饮不止，不离水槽或水线，食欲废绝，口、鼻流出大量黏液，食道膨大部胀大；腹泻，排水样粪便；常表现神经症状，如运动失调，站立不稳甚至瘫痪，头颈不停旋转，角弓反张。发病后期，病鸭呈昏迷状态，呼吸困难，嘴不断地张合，腹部朝上，抽搐，衰竭死亡。

病理变化

病变主要表现在消化道，消化道黏膜出现出血性卡他性炎症。食道膨大部充满黏性液体，黏膜脱落；腺胃黏膜充血；小肠黏膜充血发红，有出血点。腹腔和心包积液，心外膜有出血点。肺水肿，脑膜血管充血扩张，有针尖大出血点。头、颈部皮下组织水肿或有浅黄色胶冻样渗出液。

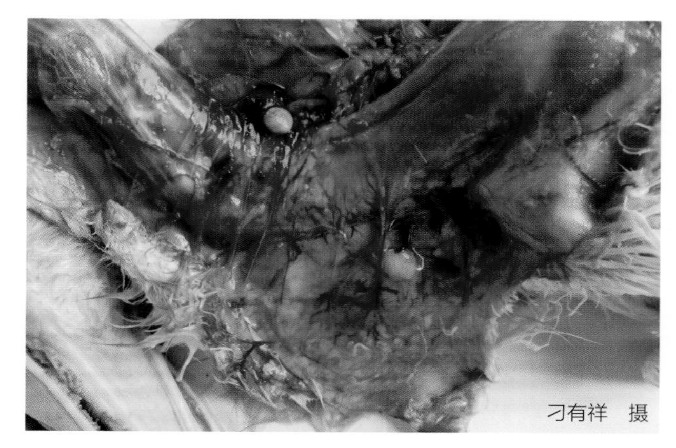

头、颈部皮下有浅黄色胶冻样渗出液

诊断要点

（1）临床特征　饮水增多，口、鼻流出大量黏液，食道膨大部胀大，表现神经症状等。

（2）剖检病变　消化道黏膜有出血性卡他性炎症，皮下组织水肿或有浅黄色胶冻样渗出液。

防控措施

1）严格控制饲料中食盐的含量，一般以不超过 0.3% 为宜。严格检测饲料、原料、鱼粉或其副产品中的食盐含量，饲料搅拌要均匀。保证饮水充足。

2）发现中毒后立即停用含盐饲料，改喂无盐饲料。轻度或中度中毒者，供给充足新鲜饮水或淡糖水可逐渐好转；严重中毒者要控制饮水量，不能一次供给大量饮水。应间断给水，每小时饮水 10~20 分钟，若一次大量饮水，食盐快速吸收扩散，反而使症状加剧，诱发脑水肿，加快死亡。

四、一氧化碳中毒

简介

一氧化碳俗称煤气，无色、无味、无刺激性，是煤炭或木炭燃烧不充分产生的气体。鸭一氧化碳中毒是鸭吸入浓度过高的一氧化碳气体引起血液中形成大量碳氧血红蛋白，造成以全身组织缺氧为主要特征的中毒疾病。

病因

鸭舍和育雏室常用煤炉或木炭炉保暖，由于通风不良或烟囱堵塞、倒烟，或烟道有裂缝等，一氧化碳不能及时排出，引起中毒。

临床症状

轻度中毒病例，精神沉郁，食欲减少，不活跃。严重中毒者，呆立或瘫痪，喙呈紫红色或紫黑色，昏睡，呼吸困难，呈明显的间歇性不规则呼吸，随后运动失调，头向后仰，死前发生痉挛或抽搐。鸭死亡地点一般分布均匀，不出现扎堆死亡现象。

病理变化

全身各组织器官和血管内的血液均呈鲜红色或樱桃红色。气管环出血，肺瘀血，呈鲜红色或紫红色，切面流出大量粉红色泡沫状液体。心血管瘀血，血液凝固不良，心包积液。肝脏轻度肿胀、瘀血，呈樱桃红色。脾脏和肾脏瘀血、出血，脑膜充血、出血。

诊断要点

（1）临床特征　呆立或瘫痪，喙呈紫红色或紫黑色，呼吸困难，运动失调，死前痉挛或抽搐。

（2）剖检病变　血液和全身各组织器官均呈鲜红色或樱桃红色。

防控措施

1）保持鸭舍和育雏室空气流通，保证舍内空气新鲜。经常检查育雏室和鸭舍的取暖设施，保持设备和烟道安全通畅，防止出现漏烟、倒烟。

2）发现中毒后，应立即开窗通风，开动风机，通风换气，换进新鲜空气。或将病鸭转移至空气新鲜、保温良好的鸭舍内。通风换气后，轻度中毒者可自行恢复健康。可在饮水中加入复合多维和2%~3%的葡萄糖，连用5天。脱水严重者应适当控制饮水。

第七章
其他病

一、啄癖

简介

啄癖又称为异食癖或恶食癖，是由营养物质缺乏及代谢机能紊乱、味觉异常、饲养管理不当等引起的一种复杂的疾病综合征，如啄羽癖、啄肛癖、啄蛋癖等。鸭群一旦发生啄癖，其他鸭效仿，很快波及全群。严重时，啄癖率可达80%以上，死亡率高达50%，给鸭场造成较大经济损失。

病因

（1）饲养管理因素 鸭群饲养密度过大，通风不良，有害气体浓度过高刺激鸭皮肤瘙痒，引发啄癖；光照过强、光线不均匀或光照不合理等刺激鸭群，造成生理机能紊乱，出现啄癖；环境突变或外界惊扰，如噪声、防疫、高温、转群、换料、开产等因素均可引起鸭啄癖；蚊虫叮咬鸭体，造成痛痒感，自啄解痒，进而形成啄癖。

（2）营养因素 鸭日粮营养成分不全或单一，尤其蛋氨酸、胱氨酸缺乏易引起啄癖；矿物质钙、钠、磷、硫、锌、铜、铁等不足，钙、磷比例失调等都会导致鸭群发生啄癖；饲料中粗纤维含量低，鸭肠道蠕动不充分，或维生素A、维生素B_2、维生素D、维生素E和泛酸等缺乏，均可引发啄癖；限饲或日粮中缺乏食盐，或缺乏大容积性饲料如燕麦、麸皮等，均可诱发本病。

（3）疾病因素 鸭体表有螨虫、虱等导致皮肤奇痒，在自啄解痒的基础上，易形成啄癖；鸭患有蛔虫、前殖吸虫等体内寄生虫病，副伤寒、大肠杆菌病、传染性法氏囊病等疾病，皮肤出血、直肠脱出等，均可诱发啄癖。

临床症状

啄癖临床上多表现为啄羽癖、啄肛癖、啄蛋癖。

（1）**啄羽癖** 啄羽癖是最常见的一种啄癖，多发生于换羽期、产蛋高峰期。啄羽主要是啄头、翅膀、背、尾、泄殖腔周围的羽毛，特别是背部尾尖。被啄鸭背部、翅部羽毛稀疏残缺，毛根出血，被啄严重者成为“秃鸭”。后生出的新羽，毛根粗硬，鸭胴体表面残存毛刺，影响品质。此外，肉鸭啄羽时互相追啄，影响生长发育。产蛋鸭产蛋减少或停产。

（2）**啄肛癖** 初产或高产鸭群，因鸭腹部韧带和肛门括约肌松弛，产蛋后期不能及时收回，泄殖腔外翻，造成鸭之间互相啄肛。有的鸭产的蛋体积过大，泄殖腔破裂出血，引起其他鸭追逐啄肛。有的种公鸭体形过大，笨拙而不能与母鸭交配，追啄母鸭，啄破肛门括约肌，有的甚至啄破母鸭泄殖腔黏膜，造成直肠脱出。

（3）**啄蛋癖** 母鸭刚产下蛋，鸭群就互相啄食，有时自产自啄。饲料中缺乏钙、磷或蛋白质引起产薄壳蛋、软壳蛋、无壳蛋，捡蛋不及时等，都是啄蛋癖诱因。

鸭啄肛、啄羽，头颈部无毛

病理变化

剖检时内脏器官无明显的眼观病变。

诊断要点

（1）**啄羽癖**　啄鸭头、翅膀、背、尾、泄殖腔周围的羽毛，被啄鸭背部、翅部羽毛稀疏残缺。

（2）**啄肛癖**　鸭之间互相啄肛，严重时甚至造成直肠脱出。

（3）**啄蛋癖**　鸭群互相啄食蛋或自产自啄。

防控措施

（1）**加强饲养管理**　鸭群应维持合理的饲养密度，应根据饲养方式、季节和日龄大小，严格控制饲养密度。鸭舍温度、湿度、光照、通风等适宜，防止有害气体浓度过高。避免强光照射鸭群，夜晚光照不宜太亮。产蛋箱放置在僻静、光线较暗处，及时捡蛋，防止发生啄蛋癖。

（2）**合理配制日粮**　检查日粮配方是否满足全价营养，及时补充日粮中所缺的营养成分，特别是鸭必需的氨基酸、维生素和矿物质等，若缺乏应及时补充。

（3）**合理预防啄癖**　饲料中添加 2% 的石膏粉可预防啄癖。

（4）**治疗**　鸭一旦发生啄癖应立即隔离病鸭和被啄鸭。及时调整鸭群密度，添加微量元素和复合维生素。

啄蛋癖若以啄蛋壳为主，应在饲料中补充钙和维生素 D，可添加贝壳粉、骨粉等，连用 7 天；若以啄蛋清为主，饲料中添加蛋白质。啄羽癖可在饲料中添加 0.1% 的蛋氨酸，连喂 5 天；或雏鸭每只每天饲喂 0.5~1 克石膏粉，成年鸭每只每天饲喂 1~3 克石膏粉，连用 3~4 天。啄肛癖可在饲料中添加 2% 的食盐，并供应充足的饮水。

被啄鸭伤口用甲紫、松节油等涂抹，防止感染。或用 0.1% 的高锰酸钾或 2% 的明矾水溶液清洗后涂抹磺胺软膏。可在伤口附近涂抹机油、煤油等有难闻气味的物质，防止鸭群互啄。

二、腹水综合征

简介

鸭腹水综合征是由多种因素引起右心衰竭导致的呼吸、循环系统障碍综合征，主要表现为腹部膨大，腹腔有浅黄色积液。本病肉鸭多发，增加鸭死淘率，给养鸭业造成较大危害。

病因

1）疾病因素。鸭群发生黄曲霉毒素中毒、支原体感染、某些细菌病、病毒病等，引起呼吸困难，导致慢性缺氧，进而导致腹水综合征发生。

2）饲养管理不当。鸭舍通风换气不良、卫生条件差，造成机体供氧不足。饲料中缺乏硒、维生素E、磷等，或环境温度过低等都会造成缺氧。缺氧会造成肺动脉压升高，导致右心室衰竭和腹腔积液，引起腹水综合征。

3）肉鸭生长速度过快，遗传因素如鸭心肺功能不全等，也可引起腹水。

临床症状

病鸭精神萎靡，食欲减退，不愿走动，行动迟缓，喜卧，羽毛蓬乱。特征性症状是腹部膨大如水袋，腹部皮肤变薄、发亮，触之有波动感，驱赶或捕捉时易抽搐死亡，死后喙、脚蹼、骨骼肌发绀。

病理变化

本病特征性病变为腹腔有大量清亮透明的浅黄色或茶色液体，有时伴有纤维素性渗出物或絮状物。肝脏肿大，呈浅黄色，质地变脆；肺瘀血、水肿，有时有纤维素性渗出物；心脏体积增大，心包积液，右心室扩张；肾脏肿大、充血。

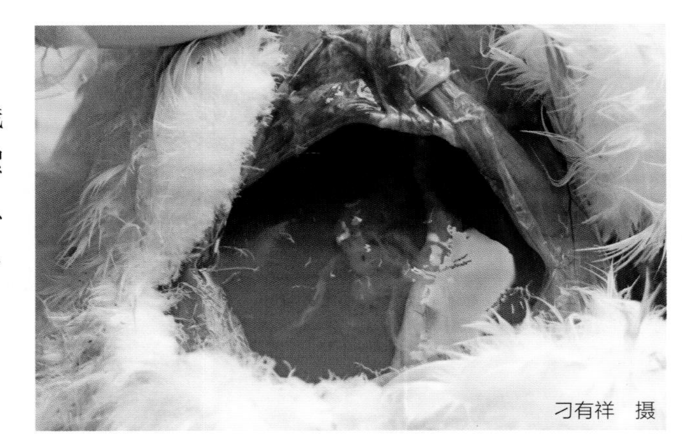

刁有祥 摄

腹腔中有大量浅黄色渗出液

诊断要点

（1）**临床特征** 腹部膨大如水袋，触之有波动感。

（2）**剖检病变** 腹腔有大量清亮透明的浅黄色或茶色液体，有时伴有纤维素性渗出物。

防控措施

（1）**加强饲养管理，改善饲养环境** 保证合理的饲养密度，控制好舍温，及时通风换气，做好粪便清理和消毒工作，减少应激。注意饮食安全，不喂发霉变质的饲料。

（2）**早期限饲，控制生长速度** 适当降低饲料能量，可控制鸭的生长速度。

（3）**合理配制日粮** 按照生长需要供给平衡日粮，减少高油脂成分；补充足量的维生素E、硒和磷，达到钙、磷平衡；按营养要求配制食盐。颗粒料中添加维生素C，冬季用粉料代替颗粒饲料，能降低发病率和减少死亡率。

（4）**治疗** 鸭群一旦发病，先查找病因，消除致病因素。使用利尿药促进腹水排出，但单纯治疗往往难以达到良好效果，多以死亡告终。因此，前期的管理和预防十分重要。

三、中暑

简介

中暑又称为热应激，是鸭在阳光下直射或环境温度、湿度过高，导致机体散热机能发生障碍，热平衡受到破坏，引起鸭中枢神经系统紊乱和心衰猝死的急性病，包括日射病和热射病，是炎热酷暑季节常见病。

病因

1）鸭群长时间在阳光直射下放牧或受到暴晒，易发生日射病。

2）夏季气温过高，湿度大，鸭舍通风不良，过度拥挤，饮水供应不足等均可引起中暑。

临床症状

一般气温超过 36℃时可发生中暑，环境温度超过 40℃时会出现大批死亡。鸭群烦躁不安，体温升高，不愿走动，张口呼吸，双腿及翅膀呈伸展状态以增加散热。温度进一步升高，鸭伸颈张口喘气，饮水增加，排水样稀便，甚至痉挛、战栗，站立不稳，头颈歪斜，最后昏迷、死亡。

鸭烦躁不安、张口呼吸

病理变化

喉头、气管充血，大脑实质或脑膜充血、出血，心外膜、心冠脂肪点状出血，肺瘀血、水肿，肠黏膜瘀血，腺胃变薄、变软、无弹性。产蛋鸭卵泡瘀血，死亡病例输卵管中有一枚未产出的蛋，输卵管黏膜水肿。胸腹腔脏器温度高，触之烫手，血液凝固不良。

诊断要点

（1）临床特征 鸭群烦躁不安，体温升高，张口呼吸，双腿及翅膀呈伸展状态，饮水增加。

（2）剖检病变 胸腹腔脏器温度高，触之烫手，血液凝固不良。

防控措施

（1）加强饲养管理 降低饲养密度，适当增加维生素的供应，并供给足量饮水；调整营养结构，多喂青绿饲料；改善饲喂方式，选择早、晚凉爽时喂饲料。日粮中可添加抗热应激添加剂，如每千克饲料加入200~400毫克维生素C，或每千克饲料加入3~5克氯化钾或每升水加入1.5~3.0克氯化钾；日粮中也可以添加碳酸氢钠。饲料中添加大蒜素，可抗菌杀虫、促进采食、增强机体免疫功能。

（2）降低鸭舍温度 安装通风降温设备，如水帘、风扇，可采用水帘加纵向通风的降温模式，保持空气充分流通，降低鸭舍温度。气温很高时可以采用喷雾降温，也可用深井水配消毒药喷洒降温。

（3）改善鸭舍周围环境 搞好鸭舍周围绿化，适当种植树木草坪。

（4）治疗 鸭群一旦出现中暑，立即将其转移到阴凉通风处，用冷水喷雾或浸湿鸭体，促进病鸭康复。中暑鸭可饮喂小苏打水（碳酸氢钠溶液）或0.9%的盐水，促进康复。

四、光过敏症

简介

鸭光过敏症是鸭食用了光过敏物质，经阳光照射后发生的一种中毒性疾病，其特征是病鸭上喙、脚蹼等处出现水疱、溃疡，喙部变形等。

病因

1）鸭采食了含光过敏物质的牧草，如野胡萝卜、灰灰菜、大阿米草、多年生灰麦草、三叶草、芸苔、大软骨草草籽、蓼科植物草籽、伞形科植物的草籽等，在强紫外线照射下会发病。

2）舍饲鸭群饲喂混有大软骨草草籽的麦渣或麸皮的饲料，或服用了含光过敏物质的药物，如恩诺沙星、环丙沙星、磺胺-5-甲氧嘧啶等可引起发病。

3）鸭群摄入了被蜡叶芽枝霉毒素污染的饲料，或生活在化学药物污染严重的水环境中，或饲料中添加了含氟过量的磷酸氢钙等，都能引发本病。

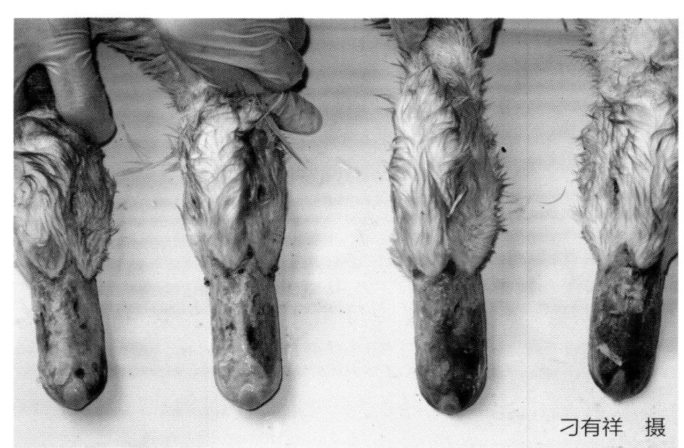

鸭喙角质层溃疡、结痂、脱落，露出红斑

临床症状

各日龄、各品种鸭均可发生。病初病鸭精神沉郁，食欲减退，不愿走动，上喙失去原有光泽和颜色，局部发红形成红斑。随后，体温升高，角质层出现出血斑点，继续发展形成水疱，水疱液呈半透明浅黄色。后期随着病程延长，水疱逐渐扩大，破裂后形成棕黄色结痂，露出棕黄色或粉红色溃疡和瘢痕。经一周左右痂皮脱落，露出暗红色的出血斑。上喙缩短变形、上翘，严重时舌尖外露，影响采食。病鸭脚蹼形成水疱，水疱破裂形成结痂，导致脚蹼变形，走路时摇摆不稳。有的病鸭脚蹼溃烂、坏死，不能行走，甚至瘫痪、死亡。有的病鸭眼睛出现结膜炎，流泪，流鼻液，甚至失明。

病理变化

上喙和脚蹼上表面有弥漫性炎症、水肿、水疱，水疱破裂后结痂、变性或变形。有的舌尖部坏死，脾脏有出血点，肝脏质脆、有散在坏死点。

诊断要点

（1）临床特征　病鸭喙、脚蹼等无毛部位出现水疱，破裂后结痂，上喙缩短变形。

（2）剖检病变　上喙和脚蹼上表面有弥漫性炎症、水肿、水疱。

防控措施

1）防止鸭群摄入光过敏性物质。饲料中避免含光敏原性植物，如大软骨草籽等；不要长期使用氟喹诺酮类、氟苯尼考类药物；饲料合理储存，不要给鸭群饲喂被霉菌污染的饲料和饲草；不要在被化学药物污染的水域放牧等。

2）避免鸭群长时间暴露在强烈阳光下，减少阳光对鸭群的照射。

3）治疗。鸭一旦发病，应立即停喂含光敏原性植物的饲料，将鸭群转移到阴凉避光处。患部如上喙和脚蹼可涂擦甲紫或碘甘油，有眼结膜炎的病鸭可用利福平眼药水或 2% 的硼酸溶液冲洗，一天数次。饮水中添加适量葡萄糖、维生素 C 等，加强机体解毒作用，增强机体抵抗能力。

附　录

附录 A　被皮、运动和神经系统疾病的鉴别诊断

病名	鉴别诊断											
	易感日龄	传播途径	流行季节	发病率	病死率	典型症状	皮肤	喙	关节	肌肉肌腱	骨骼	神经
鸭短喙侏儒综合征	雏鸭	呼吸道、消化道	冬、春季	较高	较高	喙短，舌头外伸	羽毛发育不良、毛刺	短、钝圆	正常	正常	胫骨短粗、易骨折	正常
鸭呼肠孤病毒病	雏鸭或60日龄以上鸭	呼吸道、消化道	无	较高	较高	腹泻、腿软	正常	正常	关节腔中有脓性渗出物	正常	正常	正常
鸭葡萄球菌病	10~60日龄鸭	伤口	无	不高	不高	皮肤呈紫黑色、破溃，跛行	皮肤呈紫黑色、破溃	正常	关节肿胀、脚垫肿胀增生	正常	正常	正常
鸭链球菌病	3~4周龄鸭	伤口	无	不高	不高	腹泻、跛行	皮下水肿	正常	关节肿胀、关节腔有脓性分泌物	肌肉出血	正常	正常
关节型痛风	成年或青年鸭	无	无	不高	不高	跛行	正常	正常	关节肿胀、关节腔有白色黏稠尿酸盐	正常	正常	正常
维生素 B_1 缺乏症	雏鸭	无	无	不高	不高	歪头呈观星姿势	正常	正常	正常	正常	正常	正常

（续）

病名	鉴别诊断										
	易感日龄	传播途径	流行季节	发病率	病死率	典型症状	皮肤	喙	关节	肌肉肌腱	骨骼	神经
维生素 B_2 缺乏症	2 周龄至 1 月龄鸭	无	无	不高	不高	趾爪向内蜷曲	正常	正常	正常	正常	正常	坐骨神经、臂神经肿大
锰缺乏症	各日龄鸭	无	无	不高	不高	腿骨短粗、腿翻转	正常	正常	跗关节肿胀	腓肠肌腱脱落	胫跖骨短粗、弯曲	正常
钙、磷缺乏和失调症	雏鸭、产蛋鸭	无	无	不高	不高	喙软、龙骨“S”状弯曲	正常	软、易弯曲	正常	正常	胸骨肋骨软、肋骨呈“S”状	正常
维生素 D 缺乏症	雏鸭、产蛋鸭	无	无	不高	不高	喙软、龙骨“S”状弯曲	正常	软，易弯曲	正常	正常	胸骨肋骨软、肋骨呈“S”状	正常
啄癖	产蛋鸭	无	无	不高	不高	啄羽、啄肛、啄蛋	羽毛稀疏，泄殖腔被啄破	正常	正常	正常	正常	正常
光过敏症	各日龄鸭	无	无	不高	不高	喙溃疡、水疱、红斑，蹼溃疡、坏死	脚蹼溃疡	出现溃疡、水疱、红斑	正常	正常	正常	正常

附录 B 呼吸系统疾病的鉴别诊断

病名	鉴别诊断										
	易感日龄	传播途径	流行季节	发病率	病死率	典型症状	鼻腔、鼻窦	眶下窦	喉头	气管、支气管	肺	气囊
高致病性禽流感	各日龄鸭	呼吸道、消化道	冬、春季	高	高	头面部肿胀、脚鳞出血、咳嗽、喘	有黏液	正常	充血、出血	气管出血	出血、瘀血	正常
低致病性禽流感	雏鸭或产蛋鸭	呼吸道、消化道	冬、春季	较高	不高	咳嗽、喘、呼吸困难	有黏液	正常	充血、出血	有黄白色纤维素性渗出物	出血、瘀血	有黄白色纤维素性渗出物
鸭副黏病毒病	各日龄鸭	呼吸道、消化道	冬、春季	较高	高	咳嗽、呼吸困难、腹泻	有黏液	正常	正常	气管出血	出血	正常
鸭大肠杆菌病（败血症）	各日龄鸭	呼吸道、消化道	冬、春季	高	高	咳嗽、呼吸困难	有黏液	正常	正常	病变不明显	出血，有黄白色纤维素性渗出物	有黄白色纤维素性渗出物
鸭沙门菌病	3 周龄内雏鸭	呼吸道、消化道、伤口	无	不高	不高	张口呼吸	正常	正常	正常	正常	正常	有黄白色纤维素性渗出物
鸭疫里默氏菌感染	1~8 周龄鸭	呼吸道、消化道、伤口	冬、春季	较高	较高	眼、鼻有分泌物，“湿眼圈”	有脓性分泌物	正常	正常	正常	出血	混浊、增厚，有黄白色干酪样物
鸭霍乱	青年鸭、成年鸭	呼吸道、消化道、伤口	无	较高	较高	呼吸困难，口、鼻流出黏液	有黏液	正常	正常	气管出血	瘀血、出血	正常

（续）

病名	鉴别诊断											
	易感日龄	传播途径	流行季节	发病率	病死率	典型症状	鼻腔、鼻窦	眶下窦	喉头	气管、支气管	肺	气囊
鸭支原体病	2周龄至1月龄鸭	呼吸道、垂直传播	冬、春季	不高	不高	流鼻液、形成结痂，眶下窦肿胀	有黏液、干酪样物	有黄白色干酪样物	充血、水肿	气管充血、水肿	正常	混浊、增厚，有黄白色干酪样物
鸭隐孢子虫病	各日龄鸭	消化道	无	不高	不高	呼吸困难、喘、眶下窦肿胀	正常	眶下窦有黄色黏液	正常	有黏液、出血	有白色结节	增厚，有干酪样物
鸭曲霉菌病	雏鸭	呼吸道、消化道、伤口	夏、秋季	较高	较高	张口呼吸、流鼻液	有黏液、霉菌斑	有霉菌斑	有霉菌斑	气管有霉菌斑	有霉菌结节	增厚，有成团的霉菌
中暑	各日龄鸭	无	夏季	高	高	张口喘气、呼吸加快	正常	正常	正常	出血	瘀血、水肿	正常

附录 C 消化系统疾病的鉴别诊断

病名	鉴别诊断												
	易感日龄	传播途径	流行季节	发病率	病死率	典型症状	口腔、食道	腺胃	肌胃	十二指肠	空肠、回肠	盲肠、直肠	肝脏	胰腺
高致病性禽流感	各日龄鸭	呼吸道、消化道	冬、春季	高	高	食欲废绝、腹泻	正常	出血	角质层下出血	出血	出血	正常	出血	周边出血或玻璃样坏死
鸭副黏病毒病	各日龄鸭	呼吸道、消化道	冬、春季	较高	高	食欲减退、腹泻	有黏液	乳头出血	与腺胃交界处出血	局灶性出血、溃疡、坏死	局灶性出血、溃疡、坏死	正常	肿大、呈紫红色或紫黑色	有针尖样坏死点、出血点
鸭瘟	青年鸭、成年鸭	呼吸道、消化道	春夏之际、秋季	高	高	食欲减退、饮水增加、腹泻	食道黏膜出血、有假膜	与食道交界处出血	正常	出血	出血环	正常	有出血点、坏死点	正常
番鸭细小病毒病	1~3 周龄雏鸭	消化道、垂直传播	冬、春季	较高	较高	厌食、腹泻	正常	正常	正常	有一段黄绿色渗出物	有一段黄绿色渗出物	正常	肿大	肿大，有坏死点
鸭呼肠孤病毒病	雏鸭或 60 日龄以上鸭	呼吸道、消化道	无	较高	较高	食欲减退、腹泻	正常	正常	正常	有白色坏死点	有白色坏死点	正常	有灰白色坏死点	有灰白色坏死点
鸭大肠杆菌病	各日龄鸭	呼吸道、消化道	冬、春季	高	高	食欲减退、腹泻	正常	正常	正常	正常	正常	正常	有纤维素性渗出物	正常

（续）

病名	鉴别诊断													
	易感日龄	传播途径	流行季节	发病率	病死率	典型症状	口腔、食道	腺胃	肌胃	十二指肠	空肠、回肠	盲肠、直肠	肝脏	胰腺
鸭沙门菌病	3 周龄内雏鸭	呼吸道、消化道、伤口	无	不高	不高	食欲减退、腹泻	正常	正常	正常	正常	正常	正常	呈青铜色，有白色坏死点	正常
鸭疫里默氏菌感染	1~8 周龄鸭	呼吸道、消化道、伤口	冬、春季	较高	较高	不食或少食，腹泻	正常	正常	正常	正常	正常	正常	有纤维素性渗出物	正常
鸭霍乱	青年鸭、成年鸭	呼吸道、消化道、伤口	无	较高	较高	不食或少食，腹泻	正常	正常	正常	严重出血	出血	正常	有坏死点和出血点	正常
鸭坏死性肠炎	种鸭	消化道	夏季	不高	不高	食欲减退，排腥臭稀便	正常	正常	正常	正常	肠黏膜出血，有假膜	正常	有黄白色坏死斑	正常
鸭念珠菌病	雏鸭	消化道	无	不高	不高	采食减少	黏膜增厚，有白色溃疡和干酪样物	黏膜增厚，有白色溃疡和干酪样物	正常	正常	正常	正常	正常	正常
鸭球虫病	雏鸭	消化道	夏季	较高	较高	血便	正常	正常	正常	有出血点	有出血点	有出血点	正常	正常

（续）

病名	鉴别诊断												
	易感日龄	传播途径	流行季节	发病率	病死率	典型症状	口腔、食道	腺胃	肌胃	十二指肠	空肠、回肠	盲肠、直肠	肝脏	胰腺
鸭住白细胞虫病	雏鸭	消化道	夏、秋季	不高	不高	腹泻	正常	有出血点、白色结节	有出血点、白色结节	有出血点、白色结节	有出血点、白色结节	有出血点	肿大	正常
鸭棘口吸虫病	雏鸭、青年鸭	消化道	夏、秋季	不高	不高	排白色或红色恶臭稀便	正常	正常	正常	有红色虫体	空肠有血凝块、红色虫体	有黑褐色黏液、红色虫体	充血、肿胀	正常
鸭背孔吸虫病	雏鸭	消化道	夏季	不高	不高	腹泻带血	正常	正常	正常	出血	出血，有粉红色虫体	出血，有粉红色虫体	肿大	正常
鸭绦虫病	雏鸭	消化道	夏、秋季	不高	不高	腹泻，有腐臭味	正常	正常	正常	有白色虫体	有白色虫体	正常	有虫卵结节	正常
鸭蛔虫病	雏鸭	消化道	夏、秋季	不高	不高	腹泻，带血或虫体	正常	正常	正常	有虫体	出血，有虫体	正常	有白色坏死灶	正常
鸭胃线虫病	各日龄鸭	消化道	夏、秋季	不高	不高	腹泻	正常	肿胀，有红色虫体	正常	充血、出血	充血、出血	正常	正常	正常
鸭毛线虫病	1~3周龄鸭	消化道	无	不高	不高	间歇性腹泻	正常	正常	正常	有渗出物、虫体	有渗出物、虫体	正常	发育不良	正常

（续）

病名	鉴别诊断													
	易感日龄	传播途径	流行季节	发病率	病死率	典型症状	口腔、食道	腺胃	肌胃	十二指肠	空肠、回肠	盲肠、直肠	肝脏	胰腺
维生素A缺乏症	各日龄鸭	无	无	不高	不高	发育受阻、消瘦	黏膜肿胀，有白色坏死灶	正常	正常	正常	正常	正常	正常	正常
脂肪肝综合征	产蛋鸭	无	夏季	不高	高	肥胖	正常	脂肪多	脂肪多	脂肪多	脂肪多	正常	破裂出血	呈红色
黄曲霉毒素中毒	雏鸭	无	无	不高	高	脚趾、腿部皮肤呈紫黑色	正常	出血	角质层糜烂	出血	正常	正常	网格状出血	有灰白色坏死点
食盐中毒	各日龄鸭	无	无	不高	高	口渴、饮水增多、腹泻	黏膜脱落	充血	出血	出血	出血	正常	呈浅黄色	正常

附录 D 生殖系统疾病的鉴别诊断

病名	鉴别诊断							
	易感日龄	传播途径	流行季节	发病率	病死率	典型症状	输卵管	卵泡
高致病性禽流感	蛋鸭、种鸭	呼吸道、消化道	冬、春季	高	高	产蛋率下降甚至绝产	出血	出血、变形、破裂
低致病性禽流感	蛋鸭、种鸭	呼吸道、消化道	冬、春季	较高	高	产蛋率下降	水肿，有黄白色纤维素性渗出物	出血、萎缩、破裂
鸭副黏病毒病	蛋鸭、种鸭	呼吸道、消化道	冬、春季	不高	不高	产蛋率下降，软壳、沙壳、无壳蛋增多	病变不明显	变形、破裂
鸭瘟	蛋鸭、种鸭	呼吸道、消化道	春夏之际、秋季	高	高	产蛋率下降	病变不明显	出血、变形、破裂
产蛋下降综合征	蛋鸭、种鸭	消化道	无	不高	不高	产蛋率突然下降，产软壳、畸形、小蛋，蛋清水样	水肿、萎缩	萎缩，看不到不同阶段的卵泡
鸭大肠杆菌病（输卵管炎）	成年母鸭	呼吸道、消化道	冬、春季	不高	较高	产蛋率下降，软壳、沙壳、无壳蛋增多，粪便混有蛋清和蛋黄	管内有干酪样物，形成柱状栓塞	病变不明显
鸭大肠杆菌病（卵黄性腹膜炎）	蛋鸭、种鸭	呼吸道、消化道	冬、春季	不高	较高	突然死亡	有黄白色纤维素性渗出物	呈褐色或酱油色，变形、出血、破裂
鸭霍乱	成年鸭	呼吸道、消化道	夏、秋季	不高	较高	产蛋率下降	病变不明显	瘀血

附录 E　免疫抑制性疾病的鉴别诊断

病名	鉴别诊断								
	易感日龄	传播途径	流行季节	发病率	病死率	典型症状	脾脏	法氏囊	胸腺
高致病性禽流感	各日龄鸭	呼吸道、消化道	冬、春季	高	高	头面部肿胀、脚蹼出血、呼吸困难、腹泻	出血、坏死	出血	出血
低致病性禽流感	各日龄鸭	呼吸道、消化道	冬、春季	较高	高	呼吸困难、腹泻	充血、出血	肿胀、充血	出血
鸭呼肠孤病毒病	雏鸭或 60 日龄以上鸭	呼吸道、消化道	无	较高	较高	腹泻、脚软、跛行	坏死	病变不明显	出血

参考文献

［1］大卫 · E. 斯韦恩．禽病学：第 14 版．［M］．刘胜旺，李慧昕，陈化兰，译．沈阳：辽宁科学技术出版社，2022.

［2］刘金华，甘孟侯．中国禽病学［M］. 2 版．北京：中国农业出版社，2016.

［3］刁有祥．鸭病诊治彩色图谱［M］．北京：化学工业出版社，2022.

［4］秦卓明，徐怀英．家禽呼吸系统疾病的综合防控［M］．北京：科学出版社，2020.

［5］苏敬良，黄瑜，胡薛英．鸭病学［M］．北京：中国农业大学出版社，2016.

［6］单虎．兽医传染病学［M］．北京：中国农业大学出版社，2017.

［7］张大丙．鸭病图鉴［M］．北京：中国农业科学技术出版社，2019.

［8］刁有祥．鸭鹅病防治及安全用药［M］．北京：化学工业出版社，2016.

［9］田修治，席克奇，寇叙．鸭、鹅病诊治一本通［M］．北京：机械工业出版社，2020.

［10］牛绪东，刘建柱．鸭病鉴别诊断图谱与安全用药［M］．北京：机械工业出版社，2020.

［11］孙卫东，李银．鸭鹅病诊治原色图谱［M］．北京：机械工业出版社，2018.

［12］张丁华，王艳丰．肉鸭健康养殖与疾病防治宝典［M］．北京：化学工业出版社，2016.

［13］乔宏兴．鸭标准化安全生产关键技术［M］．郑州：中原农民出版社，2016.

［14］王桂芬，陈宗刚．现代养鸭疫病防治手册［M］．北京：科学技术文献出版社，2012.

［15］张西臣，李建华．动物寄生虫病学［M］. 4 版．北京：科学出版社，2017.

［16］顾小根，陆新浩，张存．常见鸭病临床诊治指南［M］．杭州：浙江科学技术出版社，2012.

［17］赵朴，王成龙，刘川川．鸭类症鉴别诊断及防治［M］．北京：化学工业出版社，2018.

［18］乔燕．鸭鹅虱病蜱病的分析诊断和防治方案［J］．当代畜牧，2018（24）：63.

［19］陆其忠，朱荷生，莫世金．鸭气管吸虫［J］．畜牧与兽医，1980（2）：33-34.

［20］卢明科，杨玉荣，陈琼．鸭后睾吸虫病研究进展［J］．中国家禽，2004（19）：39-40.

[21] 高文清. 鸭群暴发嗜眼吸虫病的诊治 [J]. 中国兽医寄生虫病，2007(1)：57-58.

[22] 汪溥钦，孙毓兰，赵玉如，等. 家鸭台湾鸟龙线虫生活史和流行病学的研究 [J]. 动物学报，1983(4)：350-358.

[23] 罗高旺. 鸭舟形嗜气管吸虫病的诊治 [J]. 福建畜牧兽医，2016, 38(1)：47-48.

[24] 魏立民，侯水生，谢明，等. 维生素 A 和维生素 E 水平对北京鸭前期生产性能的影响 [J]. 中国饲料，2010(9)：8-10, 14.

[25] 张新军. 家禽黄曲霉毒素中毒的诊疗 [J]. 中国动物保健，2019(21)：30, 32.